多孔纤维材料热湿传递模型及应用

李凤志 李 翼 著

科 学 出 版 社

北 京

内 容 简 介

本书以多孔纤维材料热湿传递模型发展、数值算法和模拟应用为主线,介绍了作者十余年来在服装热功能分析和个体防护领域的主要研究工作。

本书基于多孔纤维材料热湿传递特点,阐明了建模理论基础和求解模型方程的数值方法。以口罩病毒防护为背景,介绍了发展的多孔纤维材料热湿传递多物理场模型,并应用其指导口罩设计。阐述了普通多孔纤维材料热湿传递模型在服装热功能分析中的应用,介绍了作者发展的 1-D 和 3-D 着装人体模型,探讨了服装材料特性和层数等因素对人体热响应的影响。发展了含有相变微胶囊的多孔纤维材料热湿传递模型,通过数值模拟研究了其特性,并将其应用于普通穿着的服装和抗荷服的热功能分析中。研究了相变材料微胶囊几何、物理参数和服装材料特性对人体的影响,给出了优化抗荷服中相变微胶囊参数的正交分析法。

本书可作为纺织服装院校师生以及从事纺织产品开发、人机工效、安全与防护领域研究科研人员的参考书。

图书在版编目(CIP)数据

多孔纤维材料热湿传递模型及应用 / 李凤志,李翼 著.
— 北京:科学出版社,2019.6
ISBN 978-7-03-061246-5

Ⅰ.①多… Ⅱ.①李…②李… Ⅲ.①纺织材料—热湿舒适性—研究 Ⅳ.①TS102

中国版本图书馆 CIP 数据核字(2019)第 094570 号

责任编辑:许 健 王 威 / 责任校对:谭宏宇
责任印制:黄晓鸣 / 封面设计:殷 靓

科学出版社 出版
北京东黄城根北街 16 号
邮政编码:100717
http://www.sciencep.com

南京展望文化发展有限公司排版
广东虎彩云印刷有限公司印刷
科学出版社发行 各地新华书店经销

*

2019 年 6 月第 一 版 开本:B5(720×1000)
2020 年 12 月第二次印刷 印张:10
字数:201 000

定价:90.00 元
(如有印装质量问题,我社负责调换)

前　　言

多孔纤维材料热湿传递过程研究,涉及很多应用领域。以服装、口罩等多孔纤维材料为例,它们是保证人体热湿舒适性和健康防护的重要装备。着装人体热湿舒适性和健康防护问题是纺织、人机工效、安全与防护领域研究的核心内容。着装人体热湿舒适性问题的研究涉及人体-服装-环境传热传湿的物理过程、人体温度调节的生理过程、人体感官通过神经生理学机制形成感觉信号的神经生理学过程、由神经生理感觉信号引发知觉形成主观感觉的心理过程。这四个过程同时发生又相互影响。其中服装和周围环境间的传热传湿物理过程决定着人体生存和热湿舒适的物理条件。因此本书以多孔纤维材料热湿传递模型研究为出发点,探讨其在人体健康防护口罩和服装热功能分析中的应用。

在服装热功能研究领域经常用服装热阻和湿阻来描述服装的热湿传递特性。由于热阻和湿阻是在稳态环境下测得的服装综合指数,不能很好地考虑纤维动态吸湿性问题及其对传热的影响,而且不利于服装的底层设计。本书介绍的多孔纤维材料热湿传递模型以微元控制体分析为基础建立,它不仅能考虑纤维的动态吸湿性,而且能从构成服装的基本单位——纤维出发,考虑到纤维的几何特性、织物的结构特性(编织方式、层数)、材料物性等因素,甚至附加相变材料微胶囊的几何、物理参数对服装传热传湿的影响。这些服装模型与人体热调节模型结合,可以预测不同服装设计引起的人体热响应,更符合服装底层设计规律。使用者能够运用模型直接设计纤维的种类、纤维的半径、纤维组成纱线及织物的编织方式、织物的层数、环境温度和湿度,然后利用模型预测出随时间变化的人体热响应、服装温度和湿度等信息,为修改和优化设计参数、改善服装热功能提供指导。从服装设计最底层出发,是本书介绍多孔纤维材料热湿传递模型的一个重要特点。

本书以多孔纤维材料热湿传递特性、模型建立和数值模拟算法为主线,介绍了作者发展的普通 1-D、3-D 多孔纤维材料热湿传递模型、多孔纤维材料多物理场热湿耦合模型及含相变微胶囊的多孔纤维材料热湿传递模型。这些模型与作者发展的改进 25 节点人体热调节模型、85 节点飞行员热调节模型、考虑真实几何的3-D 热调节有限元模型相结合,构成了不同的着装人体热功能分析模块。这些研究不仅对指导相关领域工作人员认清服装热湿舒适性原理具有重要的学术价值,而且对服装设计者设计出高附加值的热湿舒适性服装(如相变服装)有指导意义,可以提高产品的竞争力,促进国民经济发展,另外对服装消费者也具有重要的实用价值,尤其是在电子商务时代,以此模型为基础,可以开发网上试衣系统,指导顾客网上购买适合自身热湿舒适性的服装,提高服装产品的竞争力。

本书是我和李翼教授多年合作的研究成果的结晶。感谢我的博士生导师大连理工大学刘迎曦教授、罗钟铉教授搭建的合作交流平台,可以说没有两位老师的鼎力支持和帮助,就不会有本书的存在。感谢在香港理工大学工作期间的同事应伯安博士、王若梅博士、朱庆勇博士、王众博士、戴晓群博士等,他们在我研究过程中提供了诸多帮助和有益讨论。此外,参加本书研究和写作工作的还有王鹏飞硕士、朱云飞硕士、王洋硕士、任朋浩硕士、叶佳林硕士等,在此一并表示感谢。

本书的内容基于国家自然科学基金项目(50706017)、南京航空航天大学青年科技创新基金(NS2010009、NS2013007)、香港创新基金项目的研究成果。本书的出版得到了飞行器设计与工程江苏省品牌专业建设经费的支持,在此谨致以深切的谢意。

由于作者水平所限,书中不尽如人意之处在所难免,敬请读者不吝指正。

李凤志

2019 年 1 月 2 日

目　　录

第1章 绪 论

1.1 问题提出的背景

多孔纤维材料具有密度小、比面积大的特点而被广泛应用于航空航天、交通运输、电子通信、医药、建筑、石油化工等各个工业领域,涉及过滤、分离、消音、吸震、包装、阻燃、隔热等多方面用途[1-6]。然而,多孔纤维材料最普遍、最常见的应用是服装[7-8]及个体防护领域[9-12]。

人体的任何生理活动都是在一定温度下进行,离开特定的温度,人体就会代谢紊乱,人的生命就会受到威胁[13]。服装的基本功能之一是保持人体在热环境中的热平衡和热舒适。在生物进化过程中,人体已失去了许多控制热量损失、保持平衡的能力。着装可以在皮肤和服装之间形成舒适的微气候,保护人体免受气候变化的影响,并在各种综合环境条件和体力活动下,使人体保持正常热平衡。换句话说,服装的一个重要任务是支持人体热调节系统,使人体处于较大的环境变化和激烈的体育运动状态仍能保持体温处于正常范围。在这里,服装、人体、环境三者构成了一个相互联系协调的体系,服装起到了缓和环境、部分代替、延伸或增强人体某一方面功能的作用。从生理学角度考虑,服装可以看成准生理学系统,它是人体的外延[14]。因此,服装是保护人体的必需品。服装的热湿传递性能的好坏直接影响人的生活。

服装内热湿传递物理过程非常复杂,包括传湿过程、传热过程以及热湿耦合效应。传湿过程包括汗气扩散、纤维对汗气的吸附/解吸、汗气在纤维表面的凝结及凝结后的汗水在毛细压力下的流动、汗水的蒸发等。而传热过程包括服装内外温差引起热传导,以及与纤维吸湿或放湿、湿分(汗气或汗水)的凝结或蒸发有关的潜热的释放或吸收等。可以看出传湿和传热过程是耦合的。热湿传递过程是与纤维和织物的几何结构、材料特性密切相关的。羊毛、棉等天然纤维吸湿或放湿能力强,而丙纶等人造纤维吸湿或放湿能力弱,导致不同材料制成的服装穿着热湿舒适性存在差别。而汗水在服装中的传递和汗水的表面张力、汗水与纤维材料的接触角、织物结构等因素有关。汗气在服装里的扩散和织物的几何结构相关。这些服装内热湿传递的物理过程直接影响着装人体的传热物理过程和生理响应,进而影响人体的心理及对着装热湿舒适性的评价。

因此,无论是服装消费者、服装生产企业,还是做服装研究的学者对服装热湿功能及热湿舒适性都给予了高度关注。近些年,标有防水透气、温度自适应等不同品牌的新型高级纺织材料(纤维/织物)及服装已在市场出现。这些产品有时候鱼目混珠,真假难辨。此外,电子商务和网上购物的出现,也使消费者面临网上购买服装的难题:在未穿上之前需要了解其热湿舒适性的问题。服装生产企业也希望能制造和生产出合适的热湿舒适性产品满足消费者需求。而从事服装研究的学者,对服装面料及其热湿特性有较深入的研究,如何把这些研究成果转化为对服装设计的定量指导也是他们面临的问题。所有这些问题的解决聚焦在服装热湿功能 CAD系统的开发上。如果能有这样的一个 CAD 系统,消费者可以通过设定服装参数、环境温度、湿度,获得着装后的人体温度分布、着装热感觉和热湿舒适性,作为网上购买服装、辨别真伪时的参考。同样,企业的研发人员也可以利用该系统设计服装。

    针对服装热湿功能分析 CAD 软件及人体健康防护的需求,我们在多孔纤维材料热湿传递模型、人体-服装-环境系统热湿传递模型等方面开展了一系列研究工作,并将研究成果集成开发了相应的热湿功能分析软件。

1.2　纤维和多孔纤维材料(织物)的热学性质

    纤维的吸湿性是影响多孔纤维材料(织物)热学性质的最关键因素,Li 和 Luo[15]研究了了不同纤维织物的动态吸湿过程。他们对不同吸湿性纤维织物的吸湿机制用不同的数学模型进行描述和分析,然后对比了实验和预测结果。各种纤维的吸湿等温特性见图 1.1。实验中把织物平衡在一个密闭室中,其温度为 20℃,相对湿度为 0%,然后将相对湿度突然变化到 99%,持续 90 min。在吸湿过程中通过

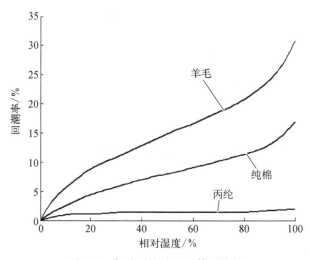

图 1.1　各种纤维的吸湿等温特性

连续地称量织物的质量得出织物含水量的变化,见图 1.2。由吸湿引起的织物温度变化可通过在样品表面接入热电偶获得,见图 1.3。

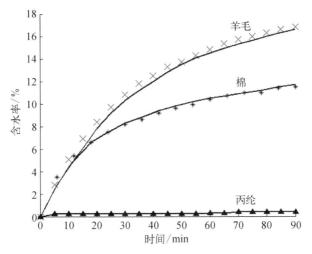

图 1.2　各种织物内的平均含水量

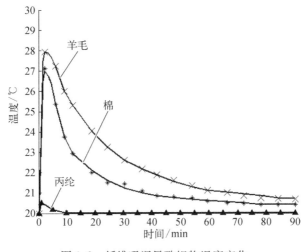

图 1.3　纤维吸湿导致织物温度变化

　　图 1.2 显示了吸附过程的织物吸湿量随时间变化。羊毛织物明显比其他织物吸湿大,并且它有最高的初始吸附率,其次是棉和丙纶织物。随着吸湿时间的增长,织物间吸湿量的差别增大,按照各个纤维的吸湿能力(图 1.1)区分开来。

　　图 1.3 显示了织物吸湿过程中测试织物表面的温度变化,羊毛织物温度峰值最高,其次是棉、丙纶。

　　从图 1.1~1.3 中可以看出,吸湿性强和吸湿性弱的纤维构成的织物,在外界湿度变化过程中,动态热湿传递特性显著不同。高吸湿性的织物(如羊毛、棉)比低吸湿性纤维(如丙纶)有更强的质量和能量交换能力。

纤维吸湿和放湿对比热和传导率也会产生影响。比热大小对织物的暖感有一定的影响。由于吸湿,使不同类型的纤维比热明显变化,变化幅度和纤维吸湿量有关,因为水的比热比纤维大 2~3 倍。此外纤维吸湿后,导热率变大,这是由水的导热率非常大造成的。

因此,我们可以看出,纤维和织物的热学性质和纤维本身及水、气相关,具有复杂的动态性。

1.3   多孔纤维材料(织物)热湿传递理论发展概况

我们关注多孔纤维材料(织物)热湿传递理论是为了解决服装热功能分析软件的建模问题,为评价服装热湿舒适性服务的。因此关于多孔纤维材料(织物)热湿传递理论的发展概况,也要从服装热湿舒适性评价指标说起。

1.3.1   热湿舒适性评价指标

人们很久以前就认识到服装的热湿传递行为对服装热湿舒适性相当重要,在该领域已进行了大量的研究工作。为了从整体上考虑服装的传热性能,1941 年,Gagge 等[16]提出了服装隔热保温综合指标——CLO 值,其定义为标准气候条件下(室温为 21℃,相对湿度为 50%,风速为 0.1 m/s 以下)静坐或从事轻度脑力劳动的人,感到舒适时所穿服装的隔热值为 1 CLO,它的值相当于 0.155 ℃·cm²/W。此时人体代谢率为 58.14 W/m²,人体皮肤平均温度为 33℃,其中大部分热量以显热的形式传递到体外。可以看出,该指标考虑了人体的生理参数、心理感觉量和环境温湿度及风速条件。在随后的研究中,他们又通过实验得出了标定 CLO 值的方法和粗略计算公式,从而能够用该指标来比较不同纺织品的隔热性能。但 CLO 值作为服装及其内部空气层的非潜热热阻指标,反映了纺织材料本身与微气候的总的隔热效果,实质为特定工况下的显热热阻。虽然 CLO 值定义时考虑了人体的生理参数、心理感觉量和环境条件,但其计算中将蒸发潜热流排除在总热流之外,使之与实际情况有较大差距。1962 年,服装生理学家 Woodcock[17]为了对由湿气蒸发所产生的额外散热进行估计,在织物散热过程中引入分析热气候条件下穿着舒适与否的透湿指数。该指标实质上是一个反映服装材料热阻和湿阻之比的无量纲量,其值越大,意味着在同一热阻情况下,该材料的湿阻越小,即导湿能力越强。该定义与 CLO 值类似,由于它们都是在特定实验条件下测得的实验参数,对于实际穿着服装时由一种状态到另一种状态的动态热湿传递过程,两指标都是不确定的量,使之在织物舒适性能的评价上可比性较差。1970 年,Fourt 和 Hollies[18]就服装舒适性和功能性方面的文献进行了综述和全面分析,特别是服装热湿舒适性方面。随后,Slater[19]对纺织材料的舒适性能进行了进一步讨论,内容包括材料的热阻测试、水汽传递、液态水传递、空气通透性等。1977 年,Hollies 和 Goldman[20]重新探讨了评价热舒适性的准则,他们使用了一系列方程描述了服装热湿传递,包括对流热损失、蒸发热损失、平均辐射温度和干球调节温度等。Mecheels 和 Umbach[21]讨论了服装系统的湿度范围。他们指出服装系统的热湿特性取决于它的热传递阻力 R_c 和湿传递阻力 R_e。热湿传递的阻力和湿度范围可用暖体假人或皮肤模型进行测试,这些参数依赖于服装款式、穿着方式、纺织材料和风速。Breckenridge[22]调查了人体运动对服装传导和蒸发热交换影响的有关文献。服装热阻取决于一系列因素:厚度、层数、合身性、悬垂性、纤维细度、柔软度和密闭程度。所有这些研究都把传热、传湿过程独立开来,适合于各种稳定的穿着状态。在相对湿度瞬变期间,热和湿的传递过程是耦合的,这些评价指标存在较大偏差。并且上述这些研究只是对服装传热、传湿的指标的定义与评价,并没有给出服装内传热、传湿过程的具体的计算模型。

1.3.2 多孔纤维材料(织物)热阻和湿阻模型

1986 年,Farnworth[23]从系统的角度对多孔纤维材料(织物)热、质传递现象进行了研究,提出了多层织物系统的热、质传递数学模型:

$$C_i \frac{\mathrm{d}T_i}{\mathrm{d}t} = \frac{T_{i-1} - T_i}{R_{Hi-1}} - \frac{T_i - T_{i+1}}{R_{Hi}} + Q_{Ci} \tag{1.1}$$

$$\frac{\mathrm{d}M_i}{\mathrm{d}t} = \frac{P_{i-1} - P_i}{R_{Vi-1}} - \frac{P_i - P_{i+1}}{R_{Vi}} \tag{1.2}$$

其中,P_i 和 T_i 是第 i 层蒸汽分压和温度;M_i 是第 i 层织物的含湿量;R_{Hi} 和 R_{Vi} 是干热阻和湿阻;Q_{Ci} 表示湿吸附或凝结过程产生的热源;C_i 为热容;Q_{Ci} 和 P_i 可以用 M_i 和 T_i 表示。Farnworth 使用一个比例关系来描述织物回潮率和周围空气的相对湿度的关系,用来描述纤维的吸附过程。Farnworth 假设每一层含湿量均匀。R_{Hi} 和 R_{Vi} 依赖于织物及空气层厚度。在这个模型中 Farnworth 将不同纤维种类、厚度的各层织物对热量和湿分的阻挡或缓冲作用分别用统一的变量热阻、湿阻来表征。此外,还有其他一些模型,如热阻和湿阻链模型[24-26],这些模型的优点是将服装层的传热、传质都考虑在内,但由于热阻和湿阻都是在与实际着装情况差异较大的实验条件下确定的物理量,故应用时引起的偏差也是较大的。这些模型只考虑了空气为静止的状态,对于空气流动引起的对流效应没能给予考虑。

1983 年,澳大利亚的 Stuart 和 Denby[27]研究了以风为主导因素的服装层(织物)热湿传递现象,并根据织物透气性大小,给出了透气性大时通过织物的热湿流量的近似计算式。法国的 Berger[28]认为在服装和皮肤之间被限制的空气层不仅能产生隔热效果,还可以调节人体的显热和潜热损失。对此他提出了风泵效应模型,通过引入微小气候空气更新率的概念对微气候中空气的温度和含湿量进行了计算,并与人体热平衡方程相结合,分析了不同季节服装对人体舒适调节作用。这些模型突出了气体流动所带来的服装与微气候之间以及服装与外界环境之间的热、质交换,表明气相总体移动对服装热湿传递过程具有重要的作用。Ghali 等[29]为了考虑织物内气体流动对织物传热传湿的影响,提出了三点通风模型。整个服装层做三个点简化,如图 1.4 所示,外点表示暴露在纱线间孔隙中的空气部分;内点表示纤维内部及纱线内部的部分,它由外点完全包围;第三点是空气点。外点同流动的空气和内点进行热湿交换,内点仅通过扩散与外点进行热湿交换。织物纤维对水蒸气的湿吸附首先发生在外点,然后通过扩散作用传到内点。随后,Ghali 等[30]又将该模型拓展成多层织物系统。尽管该模型考虑了很多复杂因素,但该模型的实质还是一个热阻和湿阻模型,无法准确确定内点和外点的比例,这必然限制其应用。

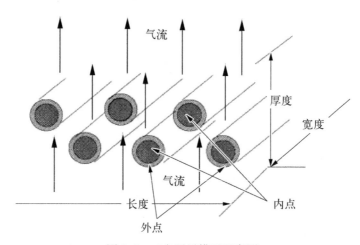

图 1.4 三点通风模型示意图

所有上述这些模型都认为热和湿的传递是一个独立的过程,并且把服装看成一个整体,这些研究大量应用于各种稳定的穿着状态。在相对湿度瞬变期间,热和湿的传递过程是耦合的,服装的热阻受到纺织纤维吸湿/放湿的影响。如当人体皮肤发汗时,水汽透过布料内的微小孔隙传递到外界,达到散热降温的目的。当水汽通过织物时,由于纤维对水蒸气的吸湿作用,使气态水变为液态,进而有相变潜热生成。

这样,纤维会被加热引起温度升高,势必引起以温度为驱动力的显热传递。同时温度的升高又会引起水蒸气饱和蒸汽浓度变化,进而引起蒸发量的变化。因此,对于动态条件下服装热湿舒适性评估,前述的测试方法、评价标准和计算模型不再适用。

郑涛和倪波[31]使用 Farnworth 提出的热阻、湿阻模型,把整个织物分成更多的层数,纤维吸湿特性对织物的(热阻)传导率和热容的影响、纤维对水蒸气的吸附过程都按照 Li 和 Luo[15]建立的热湿耦合模型所考虑的给定,已经考虑到了热阻和湿阻耦合的影响。史晓昆和倪波[32]还把上述模型加入辐射项,对由于吸湿放热引起织物温度升高,进而导致的辐射现象进行了研究。这些模型在实质上与建立在微元基础上的热湿耦合模型殊途同归。但是,液态水的传递过程及其机制在模型中仍然不能给予适当考虑。特别是水、液、汽、热之间的耦合传递,这是一个非常复杂的现象,仅凭热阻和湿阻两个指标很难把这些现象全部考虑到。

1.3.3　微元织物热湿耦合模型

织物热湿耦合传递,已被广泛认为是理解穿着服装动态舒适性的重要因素。Henry[33]第一个提出建立在微元体上的描述织物中热湿传输的热湿耦合数学模型,机制如图 1.5 所示,基本模型如下:

$$(1 - \varepsilon_{\text{fab}}) \frac{\partial C_f}{\partial t} + \varepsilon_{\text{fab}} \frac{\partial C}{\partial t} = \varepsilon_{\text{fab}} D_e \frac{\partial^2 C}{\partial x^2} \tag{1.3}$$

$$(1 - \varepsilon_{\text{fab}}) C_{v,\text{fib}} \frac{\partial T}{\partial t} - (1 - \varepsilon_{\text{fab}}) \Delta H \frac{\partial C_f}{\partial t} = K \frac{\partial^2 T}{\partial x^2} \tag{1.4}$$

其中,C_f 是纤维内的水蒸气浓度;ε_{fab} 是织物的孔隙率;C 是孔隙内的水蒸气浓度;$C_{v,\text{fib}}$ 是纤维的体积热容;ΔH 是纤维对水蒸气的吸附和解吸热;T 是温度。

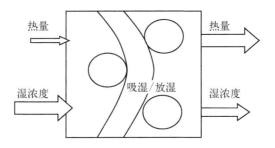

图 1.5　热湿耦合传递模型示意图

该模型建立在如下假设基础上:① 由于吸湿而引起的纤维体积变化不计;② 当通过纤维水蒸气的扩散系数远小于空气中水蒸气的扩散系数,纤维中的湿传递可以忽略不计;③ 当纤维直径较细和水蒸气在空气中传播速度远大于在纤维中时,织物中纤维的取向在水蒸气传递过程中所起的作用很小;④ 当纤维直径非常小,比表面积非常大时,在此过程中纤维和空气间的热平衡瞬态完成。后来,Henry[34] 又假定纤维中的吸湿量线性依赖于温度和空气的湿浓度,并且纤维与邻近空气达到平衡是瞬间的。但该假设离实际的纤维吸附过程太远,限制了它的应用。为了改进上述模型,Nordon 和 David[35] 提出了纤维中湿含量与周围相对湿度的实验表达式,并结合几个被 Henry 忽视的因素给出了方程的数值解。其表达式如下:

$$\frac{1}{\varepsilon}\frac{\partial C_f}{\partial t} = (H_a - H_f)\chi \tag{1.5}$$

$$\chi = k_1(1 - e^{k_2|H_a - H_f|}) \tag{1.6}$$

其中,H_a 是孔隙内空气的相对湿度;H_f 是纤维内空气相对湿度;k_1、k_2 为实验常数。这些表达式忽略了纤维的吸附动力学原理。Li 和 Holcombe[36] 发展了一个新的吸附率方程。该方程考虑羊毛纤维的两阶段吸附特性并且结合更实际的边界条件去模拟羊毛织物的吸附行为。

$$\frac{\partial C_f}{\partial t} = (1 - \alpha)R_1 + \alpha R_2 \quad (0.0 \leqslant \alpha \leqslant 1.0) \tag{1.7}$$

其中,R_1 和 R_2 表示第一和第二阶段的纤维湿吸附率;α 是第二阶段发生的比例。R_1 可以通过数值方法解扩散方程来获得,R_2 需要通过实验来确定。而 α 是根据 Watt 的实验数据获得的[37]。

Li 和 Luo[38] 改进了纤维中湿吸附过程的数学模拟方法,羊毛纤维中的两阶段吸附过程通过一个统一的扩散方程和两套变化的扩散系数来模拟。

$$\frac{\partial C_f}{\partial t} = \frac{1}{r}\left[r \cdot D_f(x, t) \cdot \frac{\partial C_f}{\partial r}\right] \tag{1.8}$$

在这个模型的基础上,Luo 等[39] 建立了一个新的模型,将 Farnworth[40] 发表的热辐射模型加入能量守恒方程,并用于较大温差下的传热传湿过程。

$$\frac{\partial F_R}{\partial x} = -\beta F_R + \beta\sigma T^4 \tag{1.9}$$

$$\frac{\partial F_L}{\partial x} = \beta F_L - \beta\sigma T^4 \tag{1.10}$$

$$\beta = \frac{(1 - \varepsilon)}{r} \varepsilon_r \tag{1.11}$$

但这个模型并不能清楚地描述蒸发和凝结过程,以区分与吸湿—放湿过程的差别。并且没有考虑毛细管凝结与液态水传递机制。

1981 年,Ogniewicz 和 Tien[41] 研究了具有相变的热湿传递过程,在它们的模型中液态水处于摆动状态,即液相凝结量随时间改变,但液态水并不流动。Motakef 和 El-Masri[42] 在该模型的基础上将这一模型推广到液相流体在多孔介质中流动情形。基本方程如下:

$$\frac{\partial C_a}{\partial t} = D_a \frac{\partial C_a}{\partial x} + \Gamma_{\text{lg}} \tag{1.12}$$

$$C_v \frac{\partial T}{\partial t} = K \frac{\mathrm{d}^2 T}{\mathrm{d}x^2} - \lambda_{\text{lg}} \Gamma_{\text{lg}} \tag{1.13}$$

$$\rho_c \varepsilon \frac{\partial \theta}{\partial t} = \rho_c \varepsilon \frac{\partial}{\partial x} \left[D_l(\theta) \frac{\partial \theta}{\partial x} \right] - \Gamma_{\text{lg}} \tag{1.14}$$

但是该模型中的扩散系数只是一个常数,没能与多孔介质及流体特性联系起来,其应用受到限制。1995 年,Murata[43] 研究了具有冷凝相变的热湿传递方程,其中温度变化高达 100℃。在 Murata 的模型中考虑了流体的重力及对流影响,得到的理论结果与实验吻合。1998 年,Bouddour 等[44] 研究了在湿润的多孔介质中具有蒸发/凝结相变的热湿传递方程,并给出了令人满意的结果。Hsieh 和 Lu[45] 研究了在多孔介质中的热力弥散过程。遗憾的是,在这些研究中,多孔介质材料都没有考虑固相材料的吸湿性,而大多数有机材料总是或多或少具有一定程度的吸湿性能,这是在有机产品的设计中必须考虑的因素之一。为了克服这一缺陷,Li 等[46] 建立了一个新的模型。该模型在 Li 和 Luo[38] 模型的基础上多了一个质量平衡方程来描述液态水的传递过程,以及推导出了一个液态水在多孔纤维材料中的扩散系数方程,包括表面张力 γ_f、接触角 θ、有效毛细管孔径分布 d_c 等物理参数,如式(1.15)所示:

$$D_l(\varepsilon_l) = \frac{\gamma_f \cos\theta (\sin^2\alpha) d_c \varepsilon_l^{\frac{1}{3}}}{20\eta \varepsilon^{\frac{1}{3}}} \tag{1.15}$$

它们的控制方程可以写成如下形式:

$$\frac{\partial(C_a \varepsilon_a)}{\partial t} = \frac{1}{\tau_a} \frac{\partial}{\partial x} \left[D_a \frac{\partial(C_a \varepsilon_a)}{\partial x} \right] - \xi_1 \varepsilon_f \Gamma_f + \Gamma_{\text{lg}} \tag{1.16}$$

$$\frac{\partial(\rho_l \varepsilon_l)}{\partial t} = \frac{1}{\tau_l} \frac{\partial}{\partial x}\left[D_l(\varepsilon_l) \frac{\partial(\rho_l \varepsilon_l)}{\partial x} \right] - \xi_2 \varepsilon_f \Gamma_f - \Gamma_{lg} \qquad (1.17)$$

$$C_v \frac{\partial T}{\partial t} = \frac{\partial}{\partial x}\left[K_{\text{mix}}(x) \frac{\partial T}{\partial x} \right] + \varepsilon_f \Gamma_f(\xi_1 \lambda_v + \xi_2 \lambda_l) - \lambda_{lg} \Gamma_{lg} \qquad (1.18)$$

$$\Gamma_{lg} = \frac{\varepsilon_a}{\varepsilon} h_{lg} S_v [C^*(T) - C_a] \qquad (1.19)$$

其中，Γ_f 表示纤维的吸湿率；Γ_{lg} 表示液态水的蒸发率。但这个模型没能考虑辐射传热过程。为了更全面地描述多孔纺织材料中各种传热、传湿过程，Wang 等[47] 提出了一个更全面的数学模型，包括前面几个模型描述的所有物理机制：传导和辐射热传递、毛细液态传递、湿气扩散、凝结-蒸发，以及纤维吸湿和放湿过程。方程如下：

$$\frac{\partial(C_a \varepsilon_a)}{\partial t} = \frac{1}{\tau_a} \frac{\partial}{\partial x}\left[D_a \frac{\partial(C_a \varepsilon_a)}{\partial x} \right] - \varepsilon_f \xi_1 \Gamma_f + \Gamma_{lg} \qquad (1.20)$$

$$\frac{\partial(\rho_l \varepsilon_l)}{\partial t} = \frac{1}{\tau_l} \frac{\partial}{\partial x}\left[D_l(\varepsilon_l) \frac{\partial(\rho_l \varepsilon_l)}{\partial x} \right] - \varepsilon_f \xi_2 \Gamma_f - \Gamma_{lg} \qquad (1.21)$$

$$C_v \frac{\partial T}{\partial t} = \frac{\partial}{\partial x}\left[K_{\text{mix}}(x) \frac{\partial T}{\partial x} \right] + \frac{\partial F_R}{\partial x} - \frac{\partial F_L}{\partial x} + \varepsilon_f \Gamma_f(\xi_1 \lambda_v + \xi_2 \lambda_l) - \lambda_{lg} \Gamma_{lg} \qquad (1.22)$$

以上这些建立在微元基础上的热湿耦合模型，可以很好地考虑热湿耦合传递过程，以及液态水的流动，是一个从物理机制上考虑传递现象的模型。从其发展趋势来看，已经由简单到复杂，从考虑吸湿/放湿机制、液态水的毛细芯吸，到多种复杂现象机制的综合。目前这种建立在微元基础上的多孔纤维材料热湿耦合模型已经从一维拓展到三维[7,48]。但其传递机制考虑仍然比较单一，水蒸气的扩散只考虑浓度作为驱动力，液态水的传递仅考虑毛细压力的影响，温度仅考虑了传导及辐射。其研究的服装状态只适用于常压静止空气的条件下，很少有考虑大气压力梯度对传质的影响。此外，也有关于包含相变微胶囊的织物热湿耦合模型发表[49]，但模型仅限于相变材料是纯物质且相变温度是固定点的情况，不适合相变材料是混合物、相变发生在一个温度范围的情况。

1.4 多孔纤维材料热湿传递模型总结

从1.3节多孔纤维材料(织物)热湿传递理论发展概况可以看出：

1) 传统的以热阻和湿阻为基础的模型,由于受到热阻和湿阻只能在特定条件下测得的限制,同时它是从服装的整体角度考虑的,对实验的依赖性较大;而以微元为基础的织物热湿耦合模型,从热湿传递的机制出发考虑问题,是从根本上解决问题。对于服装来讲,我们只需知道纤维特性、织物的纤维构成、厚度等因素,就可以从机制的角度分析其热湿传递性能,而热阻和湿阻模型需要测定服装整体的热阻和湿阻,测出的结果还是在一定条件下的,对动态过程存在较大误差。因此,发展多孔纤维介质热湿耦合模型是服装热湿功能设计 CAD 系统的一个重要内容。

2) 前面所提的多孔纤维材料热湿耦合模型是在常压下建立的,没有考虑大气压力及大气压力梯度对传热和传质的影响。织物的一个重要功能是它的过滤作用,这个过程也是与热湿及质量传递过程相关的,从传递机制角度来研究多孔纤维材料过滤问题,不仅仅是对织物热湿耦合模型的发展,也是对工程热物理研究内容的丰富,这是很有必要的。

3) 大多数多孔纤维热湿传递模型都是一维的,没有考虑非均匀热湿环境的影响。同时热湿传递过程仅从一维角度考虑也不符合实际,需要将模型拓展为三维。

4) 随着人们对服装的要求越来越高,需要在服装中添加诸如相变微胶囊等物质改善服装热性能,添加什么相变材料、添加多少以及与什么样的服装基材相组合效果好,也是目前需要解决的问题。也亟需在模型理论上进行探讨。

1.5　本书的主要内容

本书主要针对多孔纤维材料热湿传递过程建模及应用展开的相应工作,是作者在香港理工大学的部分工作以及在南京航空航天大学的部分工作的总结。主要内容如下:

第 2 章介绍了多孔纤维材料热湿传递模型的理论基础、建模方法以及求解方法。对于 1-D 热湿传递模型介绍了控制体-时域有限差分法和控制体-时域递归展开算法;针对 3-D 多孔纤维材料热湿传递模型,介绍了有限元求解方法。

第 3 章主要探讨了多孔纤维材料多物理场耦合模型的发展及其在 SARS 病毒的防护机制中的应用。模型中除了考虑到传统的热湿耦合模型中的吸湿/放湿、水蒸气浓度在浓度梯度下扩散、液态水的传递、热传导以及热湿耦合,还考虑到大气压力(呼吸作用)、病毒沉积/释放对传热传质的影响。模型适合口罩对以飞沫形式传播的病毒防护机制的研究。研究了口罩中织物的等效毛细半径、接触角及厚度对防护效果的影响。

第 4 章介绍了多孔纤维材料热湿传递模型在普通热功能分析中的应用。首先介绍了 1-D 多孔纤维热湿传递模型结合改进的 25 节点人体热调节模型在人体对环境热响应分析中的应用。模型通过实验验证后分析了服装材料特性对人体热响应的影响。结合发展的 3 - D 人体热调节有限元模型和 3 - D 多孔纤维材料热湿传递模型对人体热响应进行了预测。模型可用于多层服装系统的分析。

第 5 章介绍了含相变微胶囊的多孔纤维材料热湿传递模型及其在服装热功能分析中的应用。首先介绍了含单一种类相变微胶囊的多孔纤维材料热湿耦合模型。模型经过验证以后,研究了纤维吸湿性、相变微胶囊半径、相变微胶囊在织物中的含量对织物热湿传递性能的影响。其次,介绍了含多种相变微胶囊织物模型及其热湿传递性能预测。接着,结合含相变微胶囊的多孔纤维材料模型和改进的 25 节点模型以及动态热感觉(DTS)模型,对相变服装的穿着热舒适感进行了模拟分析。讨论了基材吸湿性与相变微胶囊作用对人体热响应的影响。然后研究了含相变微胶囊的抗荷服对飞行员的热响应影响。最后,应用正交分析法讨论了相变材料特性参数对飞行员热应激指数的影响。

参 考 文 献

[1] Daryabeigi K, Cunnington G R, Knutson J R. Combined heat transfer in high-porosity high-temperature fibrous insulation: Theory and experimental validation. Journal of Thermophysics and Heat Transfer, 2011, 25(4): 536 - 546.

[2] Zhang X, Cheng S, Huang X, et al. The use of nylon and glass fiber filter separators with different pore sizes in air-cathode single-chamber microbial fuel cells. Energy & Environmental Science, 2010, 3(5): 659 - 664.

[3] Gostick J T. Random pore network modeling of fibrous PEMFC gas diffusion media using voronoi and delaunay tessellations. Journal of the Electrochemical Society, 2013, 160(8): F731 - F743.

[4] Liu S, Chen W, Zhang Y, et al. Design optimization of porous fibrous material for maximizing absorption of sounds under set frequency bands. Applled Acoustics, 2014, 76: 319 - 328.

[5] Fangueiro R. Fibrous and composite materials for civil engineering applications. Oxford-Cambridge-Philadelphia-New Delhi: Woodhead Publishing Limited, 2011.

[6] Huang Z M, Zhang Y Z, Kotaki M, et al. A review on polymer nanofibers by electrospinning and their applications in nanocomposites. Composites Science & Technology, 2003, 63(15): 2223 - 2253.

[7] Zhu Q Y, Xie M H, Yang J, et al. Investigation of the 3D model of coupled heat and liquid moisture transfer in hygroscopic porous fibrous media. International Journal of Heat and Mass Transfer, 2010, 53(19 - 20): 3914 - 3927.

[8] Mao A H, Luo J, Li G Q, et al. Numerical simulation of multiscale heat and moisture transfer in the thermal smart clothing system. Applied Mathematical Modelling, 2016, 40(4): 3342 - 3364.

[9] Yu Y, Xu D H, Xu Y S, et al. Variational formulation for a fractional heat transfer model in firefighter protective clothing. Applied Mathematical Modelling, 2016, 40(23 - 24): 9675 -

9691.

[10] Fu M, Weng W G, Yuan H Y. Quantitative assessment of the relationship between radiant heat exposure and the protective performance of multilayer thermal protective clothing during dry and wet conditions. Journal of Hazardous Materials, 2014, 276: 383 − 392.

[11] Chen S, Lu Y H, He J Z, et al. Predicting the heat transfer through protective clothing under exposure to hot water spray. International Journal of Thermal Sciences, 2018, 130: 416 − 422.

[12] Lu Y H, Song G W, Li J, et al. The impact of air gap on thermal performance of protective clothing against hot water spray. Textile Research Journal, 2015, 85: 709 − 721.

[13] Hensel H. Thermoreception and temperature regulation. London: Academic Press, 1981.

[14] 王府梅. 服装面料的性能设计. 上海: 中国纺织大学出版社, 2000.

[15] Li Y, Luo Z. Physical mechanisms of moisture transfer in hygroscopic fabrics under humidity transients. Journal of Textile Institute, 2000, 91(2): 306 − 323.

[16] Gagge A P A, Burton A C, Bazett H C. A practical system of units for the description of the heat exchange of man with his environment. Science, 1941, 94: 428 − 430.

[17] Woodcock A H. Moisture transfer in textile systems, Part I. Textile Research Journal, 1962, 32: 628 − 633.

[18] Fourt L, Hollies N R S. Clothing: Comfort and function. New York: Martin Dekker Inc., 1970.

[19] Slater K. Comfort properties of textiles. Textile Progress, 1977, 9: 1 − 91.

[20] Hollies N R S, Goldman R F. Clothing comfort: Interaction of thermal, ventilation, construction and assessment factors. Michigan: Ann Arbor Science Publishers Inc., 1977.

[21] Mecheels J H, Umbach K H. The Psychrometric range of clothing systems//Hollies N R S, Goldman R F. Clothing comfort: Interaction of thermal, ventilation, construction and assessment factors. Michigan: Ann Arbor Science Publishers Inc., 1977.

[22] Breckenridge J R. Effects of body motion on convective and evaporative heat exchanges through various design of clothing//Hollies N R S, Goldman R F. Clothing comfort: Interaction of thermal, ventilation, construction and assessment factors. Michigan: Ann Arbor Science Publishers Inc., 1977.

[23] Farnworth B. Numerical model of the combined diffusion of heat and water vapour through clothing. Textile Research Journal, 1986, 56(11): 653 − 665.

[24] Lotens W A, Havenith G. Effects of moisture absorption in clothing on the human heat-balance. Ergonomics, 1995, 38(6): 1092 − 1113.

[25] Lotens W A, Vandelinde F J G, Havenith G. Effects of condensation in clothing on heat-transfer. Ergonomics, 1995, 38(6): 1114 − 1131.

[26] Lotens W A, Pieters A M J. Transfer of radiative heat through clothing ensembles. Ergonomics, 1995, 38(6): 1132 − 1155.

[27] Stuart I M, Denby E F. Wind induced transfer of water vapor and heat through clothing. Textile Research Journal, 1983, 53: 655 − 660.

[28] Berger X. The pumping effect of clothing. International Journal of Ambient Energy, 1988, 9(1): 37 − 46.

[29] Ghali K, Ghaddar N, Jones B. Study of convective heat and moisture transport within porous

cotton fibrous medium//33rd ASME National Heat Transfer Conference, Pittsburgh, PA, USA, August 20 - 22, 2000.

[30] Ghali K, Ghaddar N, Jones B. Multi-layer three-node model of convective transport within porous cotton fibrous medium. Journal of Porous Media, 2002, 5(1): 17 - 31.

[31] 郑涛,倪波. 织物传热传湿过程中热阻和湿阻的耦合研究. 东华大学学报(自然科学版), 2002,28(3): 7 - 12.

[32] 史晓昆,倪波. 考虑内部辐射下织物热湿传递现象的数值研究. 纺织高校基础科学学报, 2004,17(1): 52 - 58.

[33] Henry P S H. Diffusion in absorbing media. Proccedings of the Royal Society of London, 1939, 171: 215 - 241.

[34] Henry P S H. The diffusion of moisture and heat through textile. Discussions of the Faraday Society, 1948, 3: 243 - 257.

[35] Nordon P, David H G. Coupled diffsuion of moisture and heat in hygroscopic textile materials. Textile Research Journal, 1967, 37(10): 853 - 866.

[36] Li Y, Holcombe B V. A two-stage sorption model of the coupled diffusion and heat in wool fabrics. Textile Research Journal, 1992, 62(4): 211 - 217.

[37] Watt I C. Kinetic studies of the wool-water system. Part I. The influence of water concentration. Textile Research Journal, 1960, 30: 443 - 450.

[38] Li Y, Luo Z X. An improved mathematical simulation of the coupled diffusion of moistures and heat in wool fabric. Textile Research Journal, 1999, 69(10): 760 - 768.

[39] Luo Z X, Fan J T, Li Y. Heat and moisture transfer with sorption and condensation in porous clothing assemblies and numerical simulation. International Journal of Heat and Mass Transfer, 2000, 43(16): 2989 - 3000.

[40] Farnworth B. Mechanisms of heat flow through clothing insulation. Textile Research Journal, 1983, 53: 717 - 725.

[41] Ogniewicz Y, Tien C L. Analysis of condensation in porous insulation. International Journal of Heat and Mass Transfer, 1981, 24(3): 421 - 429.

[42] Motakef S, El-Masri M A. Simultaneous heat and mass transfer with phase change in a porous fabric. International Journal of Heat and Mass Transfer, 1986, 29(10): 1503 - 1512.

[43] Murata K. Heat and mass transfer with condensation in a fibrous insulation slab bounded on one side by a cold surface. International Journal of Heat and Mass Transfer, 1995, 38(17): 3253 - 3262.

[44] Bouddour A, Auriault J L, Mhamdi-Alaoui M, et al. Heat and mass transfer in wet porous media in presence of evaporation /condensation. International Journal of Heat and Mass Transfer, 1998, 41(15): 2263 - 2277.

[45] Hsieh W H, Lu S F. Heat transfer analysis and thermal dispersion in thermally-developing region of a sintered porous metal channel. International Journal of Heat and Mass Transfer, 2000, 43(16): 3001 - 3011.

[46] Li Y, Zhu Q Y, Luo Z X. Numerical simulation of heat transfer coupled with moisture sorption and liquid transport in porous textiles. The 6th Asian Textile Conference, Hong Kong, 2001.

[47] Wang Z, Li Y, Zhu Q Y, et al. Radiation and conduction heat transfer coupled with liquid

water transfer, moisture sorption and condensation in porous textiles. Journal of Applied Polymer Science, 2003, 89: 2780 − 2790.

[48] Huang X D, Sun W, Ye C. Finite volume solution of heat and moisture transfer through three-dimensional textile materials. Computers & Fluids, 2012, 57: 25 − 39.

[49] Li Y, Zhu Q Y. A model of heat and moisture transfer in porous textiles with phase change materials (PCM). Textile Research Journal, 2004, 74: 447 − 457.

第2章 多孔纤维材料热湿传递模型理论基础及数值求解方法

服装热湿功能分析的关键问题是多孔纤维材料内热湿传递过程的模拟。多孔纤维材料内热湿传递过程是复杂的耦合过程,其中涉及水蒸气、液态水的质量传递和热量传递。在传递过程中涉及纤维对水蒸气和水的吸附和解吸、孔隙中水蒸气的凝结和液态水的蒸发,这些含有相变的过程都会有相应的潜热的释放和吸收,进而影响热量的传递。而热量传递除了考虑相变影响还要考虑服装内部热量传导、边界上的热对流和辐射等因素。解决服装内热湿传递的建模问题就是根据上述传热、传湿现象,利用能量守恒和质量守恒定律,建立相应的数学方程和初始、边界条件。而要想定量地分析服装内的水蒸气浓度和温度,还必须采用数值方法对所列方程及初始、边界条件进行离散和求解。本章主要介绍最基本的多孔纤维材料热湿传递理论、建模方法、常用模型和模型方程的数值求解方法[1-6]。

2.1 多孔纤维材料热湿传递模型理论基础

2.1.1 热湿传递的傅里叶定律和菲克定律

研究传热和传湿问题,有两个重要的定律,一个是傅里叶定律,另一个是菲克定律。这两个定律分别说明了传热的驱动力是温差,传湿的驱动力是浓度差,即只要存在温度梯度和浓度梯度就会有传热和传湿现象发生。

1. 傅里叶定律

在导热现象中,单位时间内通过给定截面的热量,正比于垂直于该截面方向上的温度梯度和截面面积,而热量传递的方向则与温度升高的方向相反。用数学公式可表示为

$$Q = - kA \frac{\partial T}{\partial x} \tag{2.1}$$

其中,Q 是单位时间通过给定截面的热量,即热流量,单位为 W;k 是材料的热传导率,单位为 W/(m·℃);A 是截面面积,单位为 m²;T 是温度,单位为℃;$\frac{\partial T}{\partial x}$ 是温度

梯度；"–"表示热流量方向与温度梯度方向相反。

2. 菲克定律

菲克定律是描述气体扩散现象的宏观规律，这是菲克于 1855 年发现的。菲克提出：在单位时间内通过垂直于扩散方向的单位截面积的扩散物质流量（称为扩散通量，用 J 表示）与该截面处的浓度梯度成正比，方向与浓度梯度方向相反，写成公式的形式如下：

$$J = - D_a \frac{\partial C_a}{\partial x} \tag{2.2a}$$

或

$$Q_m = - D_a A \frac{\partial C_a}{\partial x} \tag{2.2b}$$

其中，Q_m 是单位时间通过给定截面的质量，即质量流量，单位为 kg/s；D_a 是水蒸气在空气中的扩散率，单位为 m²/s；A 是截面面积，单位为 m²；C_a 是浓度，单位为 kg/m³；$\frac{\partial C_a}{\partial x}$ 是浓度梯度；"–"表示质量流量方向与浓度梯度方向相反。

2.1.2　纤维吸湿和放湿过程及控制方程

因为吸湿或放湿会有相变潜热释放或吸收，所以纤维的吸湿和放湿对服装热湿舒适性有至关重要的影响。纺织材料学中对纤维吸湿和放湿的机制有详细的阐述，认为影响纤维吸湿和放湿的因素有内因和外因。内因主要包括亲水基团、比表面积、纤维结晶度和内部空隙、纤维内伴生物和杂质等。而影响吸湿的外因主要在于环境温度、相对湿度和回潮率的大小等。文献[1]通过研究多孔纤维材料内 x 点处单根纤维内水蒸气传递过程，给出了确定纤维内平均水蒸气浓度的 C_f 办法，即确定吸湿和放湿量的方法，控制方程如下：

$$\frac{\partial C_f'(x, r, t)}{\partial t} = \frac{1}{r} \frac{\partial}{\partial r} \left[r D_f(x, t) \frac{\partial C_f'(x, r, t)}{\partial r} \right] \tag{2.3}$$

其中，$C_f'(x, r, t)$ 是 t 时刻多孔纤维材料内一点 x 处一根纤维在径向坐标 r 处的水蒸气浓度，单位为 kg/m³；$D_f(x, t)$ 是水蒸气在纤维内扩散系数，单位为 m²/s，与纤维的类型等因素有关。在纤维中心点处，采用对称边界条件，即

$$D_f \left. \frac{\partial C_f'(x, r, t)}{\partial r} \right|_{r=0} = 0 \tag{2.4}$$

而在纤维的外表面,假设纤维和周围的空气中的水蒸气达到瞬态吸湿平衡:

$$C'_f(x, R_f, t) = \rho_f \cdot f(RH) \tag{2.5}$$

其中,R_f 是纤维半径;ρ_f 是纤维的密度;f 是纤维的回潮率,它是相对湿度 RH 的函数。几种典型纤维的回潮率曲线[3]如图 2.1 所示。

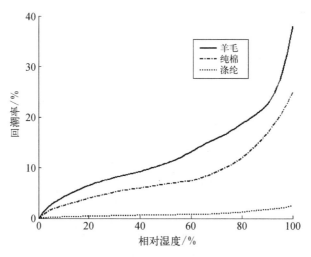

图 2.1　几种典型纤维回潮率曲线

由方程(2.3)~(2.5),再根据前一时刻的浓度值,可以获得当前时刻的纤维内任一点的浓度值 $C'_f(x, r, t)$,于是纤维内平均蒸气浓度为

$$C_f(x, t) = \mathcal{X}\big[C'_f(x, r, t)\big] \tag{2.6}$$

其中,$\mathcal{X}[\ ]$ 为平均算子。进而可以确定纤维的含水量为

$$w_c(x, t) = C_f(x, t)/\rho_f \tag{2.7}$$

2.1.3　水蒸气的蒸发和凝结

当服装内液态水含量超过一定的界限,应该考虑液态水的蒸发和水蒸气在液态水表面的凝结现象。服装内蒸发或凝结量是由多孔纤维材料孔隙内水蒸气浓度 C_a 与多孔纤维材料一定温度下饱和水蒸气浓度 $C_a^*(T)$ 之差决定的。当 $C_a > C_a^*(T)$,纤维表面凝结发生;当 $C_a < C_a^*(T)$ 并且液态水体积份数 ε_l 超过蒸发极限份数 ε_{l0},纤维表面液态水蒸发。单位体积多孔纤维材料内蒸发/凝结率 Γ_{lg} 表达式如下[3]:

$$\Gamma_{lg} = S'_v h_{lg}\big[C_a^*(T) - C_a\big] \tag{2.8}$$

其中,S_v'为多孔纤维材料比面积,即单位体积多孔纤维材料内所含孔隙表面积,单位为 m^{-1};h_{lg} 是液气转换系数,单位为 m/s。

2.2　1-D 普通多孔纤维材料热湿传递模型的建立与求解

2.2.1　1-D 普通多孔纤维材料热湿传递模型的建立

　　为了讨论简单,本书暂不考虑液态水的存在,热量和水蒸气通过多孔纤维材料内的微元体时发生热湿交换的物理机制如图 2.2 所示。水蒸气通过多孔纤维材料微元体时,当纤维表面水蒸气浓度大于纤维内部水蒸气浓度时,有一部分水蒸气会被纤维吸附;反之,如果纤维表面水蒸气浓度小于纤维内部水蒸气浓度,纤维内部的水分会被解吸。此外纤维内部水蒸气在浓度梯度作用下也会产生扩散。而热流通过多孔纤维材料微元,除了会在温度梯度作用下产生热传导,也会由于纤维吸湿而有潜热补充进来或是纤维放湿而吸收潜热。

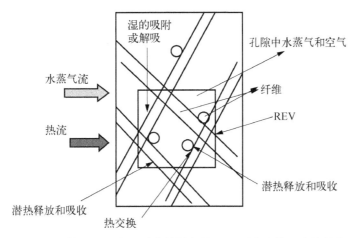

图 2.2　水蒸气和热量通过多孔纤维材料内的 REV 时发生热湿交换的物理机制

　　为了建立数学模型,我们必须还要对多孔纤维材料做一些假设和处理。对于多孔纤维材料,在细观上,虽然气体和纤维分别占有各自的区域,气体通过迂回曲折的纤维间孔隙通道流动,它们之间的相互作用必须通过气、固两相之间交界面上的边界效应反映出来,但由于孔隙结构的复杂性,大小、几何形状、延伸方向与排列顺序等在微观上没有一定规律,因此,不可能用任何精确的数学方法来描述对气体流动范围起边界作用的纤维间孔隙内表面的复杂几何形状。即使我们能够在微观水平上描述和解决多孔纤维材料内气体的流动问题(比如导出单个孔隙内一切点上所发生的现象的解），然而，这样的解也没有实际应用价值。事实上，连证明这些解是否正确的可行方法都不存在，因为没有可用的仪器在微观水平上测量有关量的值。因此，必须排除从微观水平上去研究和解决多孔纤维材料中的传热、传质问题。为了克服这些困难，我们必须转向宏观的水平，即采用宏观连续介质方法。这样，研究多孔纤维材料内热湿传递问题的一个显著特点是固体纤维区域与气体区域互相包含、互相缠绕，难以明显地划分开，因此必须将气体相与固体纤维相视为相互重叠在一起的连续介质，在不同相的连续介质之间可以发生相互作用。这个特点使得多孔纤维材料内传热、传质问题的控制方程需要针对具体的物理现象来建立。为了将多孔纤维材料看成是基本性质稳定的等效连续介质，我们需要引入表征单元体（REV），如图 2.2 中小方框所示。表征单元体是一个尺度，它是多孔纤维材料相关特性趋于基本稳定时的最小体积，当多孔纤维材料体积小于 REV 的时候，可以认为多孔纤维材料的性质随着体积的改变而变化；当多孔纤维材料体积大于 REV 很多的时候，可以将多孔纤维材料视为以 REV 为基本单元的等效连续介质。为此，我们在引入孔隙率与表征单元体之后，便可将多孔纤维材料看成由大量有一定大小、包含足够多条孔隙也包含孔隙固体骨架的质点组成的。因此质点有孔隙率，可以规定其气体密度、固体纤维密度等材料特性参数；同时质点也可以定义状态变量。当质点相对于求解区域充分小时，质点上各种材料性质参数和变量可看作空间点的函数，它们随着空间点位置的不同而连续变化。若多孔纤维材料所占据的空间中的每一个小区域都被这样一个质点占据，而每一个质点也仅仅占据空间一个小区域，即在空间区域与质点之间建立了一种一一对应的关系。这样，实际的多孔纤维材料就被一种假想的连续介质所代替。在假想的连续介质中我们就可以用连续性的数学方法去研究多孔纤维材料内的传热、传质问题。在微观上，对于吸湿性纤维的吸附、解吸特性，我们在流体空间点假设单个纤维的存在，研究单个纤维内的传质过程。通过对单个纤维内的蒸汽浓度变化的平均值来描述表征单元体内的吸附/解吸现象。

根据上述建模思想，我们就可以将多孔纤维材料等效成以 REV 为基本单元的等效连续介质，并假设表征性单元内孔隙体积占多孔纤维材料总体积的体积分数（或称为孔隙率）为 ε_a，纤维体积所占总体积的体比为 ε_f，则

$$\varepsilon_a + \varepsilon_f = 1 \qquad (2.9)$$

为了获得服装内水蒸气的质量守恒方程，考虑图 2.3 所示的多孔纤维材料截面上的微元体，假设微元体长度为 dx，高度为 h，厚度为单位厚度，则单位时间从微元体左侧界面流入的质量为

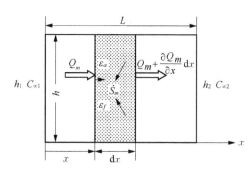

图 2.3 多孔纤维材料内质量平衡示意图

$$Q_m = -\frac{D_a(h \cdot 1)\varepsilon_a}{\tau_a}\frac{\partial C_a}{\partial x} \qquad (2.10)$$

式(2.10)与式(2.2b)的主要区别是引入了 ε_a 和 τ_a，主要考虑到了介质流通截面积和孔隙率 ε_a 成正比，而 τ_a 称为曲折因子，表示水蒸气在多孔介质通道内所走的实际路径长度和直线距离长度之比，实际上是对扩散系数 D_a 的修正，C_a 代表多孔纤维材料孔隙中水蒸气浓度。从微元体右侧界面单位时间内流出的质量，由于采用了连续介质假设，可以由 Taylor 展开获得：

$$Q_m + \frac{\partial Q_m}{\partial x}\mathrm{d}x = -\frac{D_a(h \cdot 1)\varepsilon_a}{\tau_a}\frac{\partial C_a}{\partial x} + \frac{\partial}{\partial x}\left[-\frac{D_a(h \cdot 1)\varepsilon_a}{\tau_a}\frac{\partial C_a}{\partial x}\right]\mathrm{d}x \qquad (2.11)$$

微元体内单位时间被纤维吸附的水蒸气的质量 $\dot{S}_m$ 为

$$\dot{S}_m = \varepsilon_f \frac{\partial C_f}{\partial t}\mathrm{d}xh \cdot 1 \qquad (2.12)$$

式中，$\dfrac{\partial C_f}{\partial t}$ 表示纤维中平均水蒸气浓度随时间变化率，可以通过 2.1.2 节相关的方程获得。单位时间内微元体孔隙内水蒸气的质量变化：

$$\frac{\partial(\varepsilon_a C_a)}{\partial t}\mathrm{d}xh \cdot 1 \qquad (2.13)$$

获得这些量以后，根据质量守恒定律，可以得出多孔纤维材料中的水蒸气的质量守恒方程：

$$\frac{\partial(\varepsilon_a C_a)}{\partial t}\mathrm{d}xh \cdot 1 = -\frac{D_a(h \cdot 1)\varepsilon_a}{\tau_a}\frac{\partial C_a}{\partial x} - \varepsilon_f\frac{\partial C_f}{\partial t}\mathrm{d}xh \cdot 1$$
$$-\left\{-\frac{D_a(h \cdot 1)\varepsilon_a}{\tau_a}\frac{\partial C_a}{\partial x} + \frac{\partial}{\partial x}\left[-\frac{D_a(h \cdot 1)\varepsilon_a}{\tau_a}\frac{\partial C_a}{\partial x}\right]\mathrm{d}x\right\}$$

$$(2.14a)$$

或

$$\varepsilon_a\frac{\partial C_a}{\partial t} + \varepsilon_f\frac{\partial C_f}{\partial t} = \frac{\partial}{\partial x}\left(\frac{D_a\varepsilon_a}{\tau_a}\frac{\partial C_a}{\partial x}\right) \qquad (2.14b)$$

如果服装两边界是对流条件，则边界条件方程可写为

$$\left.\frac{D_a\varepsilon_a}{\tau_a}\frac{\partial C_a}{\partial x}\right|_{x=0} = h_{m1}(C_a - C_{a\infty 1}) \qquad (2.15)$$

$$-\frac{D_a \varepsilon_a}{\tau_a} \frac{\partial C_a}{\partial x}\bigg|_{x=L} = h_{m2}(C_a - C_{a\infty 2}) \tag{2.16}$$

其中，h_{m1}、h_{m2} 分别为两边界的对流传质系数；$C_{a\infty 1}$、$C_{a\infty 2}$ 分别表示两边界环境水蒸气浓度。为了获得质量守恒方程和热量守恒方程（2.14b）~（2.16）的解，还需要列出服装的初始浓度条件：

$$C_a(x, 0) = C_{a0}(x) \tag{2.17}$$

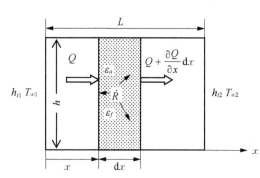

图 2.4　多孔纤维材料内能量平衡示意图

为了获得服装的能量方程，考虑图 2.4 所示的微元体。根据能量守恒定律：

$$\frac{\mathrm{d}E}{\mathrm{d}t} = Q + \dot{R} - \left(Q + \frac{\partial Q}{\partial x}\mathrm{d}x\right) \tag{2.18}$$

式中，E 表示控制体内能：

$$E = c_v T \mathrm{d}x h \cdot 1 \tag{2.19}$$

其中，c_v 是体积热容；Q 是流入控制体左界面的热流量，可用傅里叶定律表示：

$$Q = -k_{\mathrm{mix}}(h \cdot 1)\frac{\partial T}{\partial x} \tag{2.20}$$

其中，k_{mix} 是多孔纤维材料的综合导热率，与纤维材料、含水量等因素有关。$\dot{R}$ 是单位时间控制体内纤维吸湿放热量，可用下式表示：

$$\dot{R} = \lambda \varepsilon_f \frac{\partial C_f}{\partial t}\mathrm{d}x h \cdot 1 \tag{2.21}$$

其中，λ 是多孔纤维材料的吸湿潜热，单位为 J/kg。将方程（2.19）、（2.20）与（2.21）代入方程（2.18），可获得多孔纤维材料的能量方程：

$$c_v \frac{\partial T}{\partial t} = \lambda \varepsilon_f \frac{\partial C_f}{\partial t} + \frac{\partial}{\partial x}\left(k_{\mathrm{mix}}\frac{\partial T}{\partial x}\right) \tag{2.22}$$

考虑多孔纤维材料的两边为对流和辐射综合条件边界：

$$k_{\mathrm{mix}}\frac{\partial T}{\partial x}\bigg|_{x=0} = h_{t1}(T - T_{\infty 1}) \tag{2.23}$$

$$-k_{\mathrm{mix}}\frac{\partial T}{\partial x}\bigg|_{x=L} = h_{t2}(T - T_{\infty 2}) \tag{2.24}$$

其中,h_{t1}、h_{t2} 分别为两边界的对流辐射综合换热系数;$T_{\infty 1}$、$T_{\infty 2}$ 分别表示两边界环境温度。为了获得能量守恒方程(2.22)~(2.24)的解,还需要列出服装的初始浓度条件:

$$T(x,0) = T_0(x) \tag{2.25}$$

2.2.2　1-D 普通多孔纤维材料热湿传递方程的时域有限差分及时域递归法求解

为了获得满足方程(2.14b)~(2.17)、方程(2.22)~(2.25)的解,需要对这些方程在时间及空间进行离散,下面介绍方程的两种离散方法:控制体-时域有限差分法和控制体-时域递归展开算法[1]。

1. 控制体-时域有限差分法

为了获得离散形式的方程,首先要将计算域进行离散。采用图 2.5 所示的控制体离散计算域。选取典型的控制体 P,将方程(2.14b)在控制体 P 中积分:

$$\int_w^e \varepsilon_a \frac{\partial C_a}{\partial t}\mathrm{d}x + \int_w^e \varepsilon_f \frac{\partial C_f}{\partial t}\mathrm{d}x = \int_w^e \frac{\partial}{\partial x}\left(\frac{D_a \varepsilon_a}{\tau_a}\frac{\partial C_a}{\partial x}\right)\mathrm{d}x \tag{2.26}$$

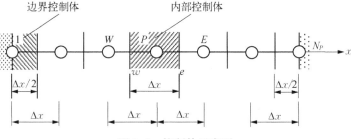

图 2.5　控制体示意图

控制体内部的量,假设均匀且与节点 P 处的量相等,时间导数项用 $n+1$ 时刻的量减去 n 时刻的量,再除以时间步长 Δt 获得,而控制面处的梯度用相邻节点变量差值对空间距离的商替代,于是方程(2.26)可表示为

$$\varepsilon_{aP}^n \frac{(C_{aP}^{n+1} - C_{aP}^n)}{\Delta t}\Delta x + \varepsilon_{fP}^n \frac{(C_{fP}^{n+1} - C_{fP}^n)}{\Delta t}\Delta x$$

$$= \left(\frac{D_a \varepsilon_a}{\tau_a}\right)_e \frac{(C_{aE}^{n+1} - C_{aP}^{n+1})}{\Delta x} - \left(\frac{D_a \varepsilon_a}{\tau_a}\right)_w \left(\frac{C_{aP}^{n+1} - C_{aW}^{n+1}}{\Delta x}\right) \tag{2.27}$$

整理后得

$$\left(\frac{D_a \varepsilon_a}{\tau}\right)_w \frac{\Delta t}{(\Delta x)^2} C_{aW}^{n+1} - \left[\left(\frac{D_a \varepsilon_a}{\tau_a}\right)_w \frac{\Delta t}{(\Delta x)^2} + \left(\frac{D_a \varepsilon_a}{\tau_a}\right)_e \frac{\Delta t}{(\Delta x)^2} + \varepsilon_{aP}^n\right] C_{aP}^{n+1} + \left(\frac{D_a \varepsilon_a}{\tau_a}\right)_e \frac{\Delta t}{(\Delta x)^2} C_{aE}^{n+1}$$

$$= -\varepsilon_{aP}^n C_{aP}^n + \varepsilon_{fP}^n (C_{fP}^{n+1} - C_{fP}^n) \tag{2.28}$$

如果 P 位于左边界上,考虑到积分区域为 P 在内部的一半,并且:

$$\frac{D_a \varepsilon_a}{\tau_a} \frac{\partial C_a}{\partial x}\bigg|_{x=0} = h_{m1}(C_a - C_{a\infty 1}) \tag{2.29}$$

可获得

$$\varepsilon_{a1}^n \frac{C_{a1}^{n+1} - C_{a1}^n}{\Delta t} \frac{\Delta x}{2} + \varepsilon_{f1}^n \frac{C_{f1}^{n+1} - C_{f1}^n}{\Delta t} \frac{\Delta x}{2} = \left(\frac{D_a \varepsilon_a}{\tau_a}\right)_{1/2} \frac{C_{a2}^{n+1} - C_{a1}^{n+1}}{\Delta x} - h_{m1}(C_{a1}^{n+1} - C_{a\infty 1})$$

$$\tag{2.30}$$

整理后得

$$\left[-h_{m1}\frac{2\Delta t}{\Delta x} - \varepsilon_{a1}^n - \left(\frac{D_a \varepsilon_a}{\tau_a}\right)_{1/2} \frac{2\Delta t}{(\Delta x)^2}\right] C_{a1}^{n+1} + \left(\frac{D_a \varepsilon_a}{\tau}\right)_{1/2} \frac{2\Delta t}{(\Delta x)^2} C_{a2}^{n+1}$$

$$= -\varepsilon_{a1}^n C_{a1}^n + \varepsilon_{f1}^n (C_{f1}^{n+1} - C_{f1}^n) - h_{m1}\frac{2\Delta t}{\Delta x} C_{a\infty 1} \tag{2.31}$$

如果 P 位于右端边界上,考虑到积分区域为 P 在内部的一半,并且:

$$\frac{D_a \varepsilon}{\tau_a} \frac{\partial C_a}{\partial x}\bigg|_{x=L} = -h_{m2}[C_a - C_{a\infty 2}] \tag{2.32}$$

$$\varepsilon_{aN_P}^n \frac{C_{aN_P}^{n+1} - C_{aN_P}^n}{\Delta t} \frac{\Delta x}{2} + \varepsilon_{fN_P}^n \frac{C_{fN_P}^{n+1} - C_{fN_P}^n}{\Delta t} = -h_{m2}[C_{aN_P}^{n+1} - C_{a\infty 2}] - \left(\frac{D_a \varepsilon_a}{\tau_a}\right)_{(N_P-1/2)} \frac{C_{aN_P}^{n+1} - C_{a(N_P-1)}^{n+1}}{\Delta x}$$

$$\tag{2.33}$$

整理后得

$$\left[h_{m2}\frac{2\Delta t}{\Delta x} + \varepsilon_{aN_P}^n + \left(\frac{D_a \varepsilon_a}{\tau_a}\right)_{(N_P-1/2)} \frac{2\Delta t}{(\Delta x)^2}\right] C_{aN_P}^{n+1} - \left(\frac{D_a \varepsilon_a}{\tau_a}\right)_{(N_P-1/2)} C_{a(N_P-1)}^{n+1} \frac{2\Delta t}{(\Delta x)^2}$$

$$= \varepsilon_{aN_P}^n C_{aN_P}^n + \varepsilon_{fN_P}^n (C_{fN_P}^n - C_{fN_P}^{n+1}) + h_{m2}\frac{2\Delta t}{\Delta x} C_{a\infty 2} \tag{2.34}$$

对于能量方程采用同样的方法离散,离散后的内部节点方程为

$$k^n_{\text{mix}w}\frac{\Delta t}{(\Delta x)^2}T^{n+1}_W - \left[k^n_{\text{mix}w}\frac{\Delta t}{(\Delta x)^2} + k^n_{\text{mix}e}\frac{\Delta t}{(\Delta x)^2} + c^n_{vP}\right]T^{n+1}_P +$$

$$k^n_{\text{mix}e}\frac{\Delta t}{(\Delta x)^2}T^{n+1}_E = -c^n_{vP}T^n_P - \lambda^n_P \varepsilon^n_{fP}(C^{n+1}_{fP} - C^n_{fP}) \qquad (2.35)$$

左边界处节点方程:

$$\left[-h_{t1}\frac{2\Delta t}{\Delta x} - c^n_{v1} - k^n_{\text{mix}1/2}\frac{2\Delta t}{(\Delta x)^2}\right]T^{n+1}_1 + k^n_{\text{mix}1/2}\frac{2\Delta t}{(\Delta x)^2}T^{n+1}_2$$

$$= -c^n_{v1}T^n_1 - \lambda^n_1\varepsilon^n_{f1}(C^{n+1}_{f1} - C^n_{f1}) - h_{t1}\frac{2\Delta t}{\Delta x}T_{\infty 1} \qquad (2.36)$$

右边界节点处,能量方程为

$$\left[h_{t2}\frac{2\Delta t}{\Delta x} + c^n_{vN_P} + k^n_{\text{mix}(N_P - 1/2)}\frac{2\Delta t}{(\Delta x)^2}\right]T^{n+1}_{N_P} - k^n_{\text{mix}(N_P - 1/2)}\frac{2\Delta t}{(\Delta x)^2}T^{n+1}_{(N_P - 1)}$$

$$= c^n_{vN_P}T^n_{N_P} + \lambda^n_{N_P}\varepsilon^n_{fN_P}(C^{n+1}_{fN_P} - C^n_{fN_P}) + h_{t2}\frac{2\Delta t}{\Delta x}T_{\infty 2} \qquad (2.37)$$

纤维内的水蒸气浓度 C'_f 的方程,我们可以把纤维半径 R 等分为 N_R 等份,每等份为 $\Delta r = \dfrac{R}{N_R}$, 如图 2.6 所示。

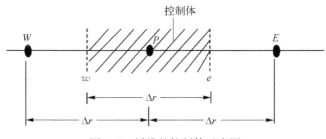

图 2.6　纤维的控制体示意图

对于单根纤维方程:

$$\frac{\partial C'_f}{\partial t} = \frac{1}{r}D_f\frac{\partial C'_f}{\partial r} + \frac{\partial}{\partial r}\left(D_f\frac{\partial C'_f}{\partial r}\right) \qquad (2.38)$$

如果控制体 P 不在边界上,如图 2.6 所示,方程可以离散为

$$2C'^{n+1}_{fP}\left[1 + D^n_{fe}\frac{\Delta t}{(\Delta r)^2} + D^n_{fw}\frac{\Delta t}{(\Delta r)^2}\right] + C'^{n+1}_{fW}\left[\frac{D^n_{fP}}{P}\frac{\Delta t}{(\Delta r)^2} - 2D^n_{fw}\frac{\Delta t}{(\Delta r)^2}\right] -$$

$$C_{fE}^{'n+1}\left[\frac{D_{fP}^{n}}{P}\frac{\Delta t}{(\Delta r)^{2}} + 2D_{fe}^{n}\frac{\Delta t}{(\Delta r)^{2}}\right] = 2C_{fP}^{'n},\ P = 1,\ 2,\ \cdots,\ N_{R} - 1 \qquad (2.39)$$

如果控制体 P 位于半径 R 处,方程可以离散成

$$C_{fN_{R}}^{'n+1} = f_{N_{R}}(\mathrm{RH}) \qquad (2.40)$$

如果控制体 P 位于纤维中心处,方程可以离散得

$$C_{f0}^{'n+1} = \frac{4}{(\Delta r)^{2}}D_{f\frac{1}{2}}^{n}(C_{f1}^{'n} - C_{f0}^{'n}) \qquad (2.41)$$

联立单根纤维方程和多孔纤维材料中的热湿传递方程:$(n+1)$ 时刻的可变参数就可以由 n 时刻的参数解出来。

2. 控制体-时域递归展开算法

(1)控制方程及初始、边界条件

前面采用控制体-时域有限差分法对多孔纤维材料热湿传递方程进行了离散,由于纤维具有吸湿性,吸湿后热物性参数会发生显著变化,导致热传导方程具有较强非线性,采用前面的离散方法要获得满意的精度,需要采用较小的时间步长。为了弥补上述不足,便于处理非线性问题,本节讨论多孔纤维材料热湿耦合方程的另一种离散方法:控制体-时域递归展开算法。为了讨论方便,这里将前面推导的所有的方程重新列在下面:

$$\varepsilon_{a}\frac{\partial C_{a}}{\partial t} + \varepsilon_{f}\frac{\partial C_{f}}{\partial t} = \frac{\partial}{\partial x}\left(\frac{D_{a}\varepsilon_{a}}{\tau_{a}}\frac{\partial C_{a}}{\partial x}\right) \qquad (2.42)$$

$$c_{v}\frac{\partial T}{\partial t} - \lambda\varepsilon_{f}\frac{\partial C_{f}}{\partial t} = \frac{\partial}{\partial x}\left(k_{\mathrm{mix}}\frac{\partial T}{\partial x}\right) \qquad (2.43)$$

$$\frac{\partial C_{f}'}{\partial t} = \frac{1}{r}\frac{\partial}{\partial r}\left(rD_{f}\frac{\partial C_{f}'}{\partial r}\right) \qquad (2.44)$$

$$C_{f}'(R_{f}) = \rho_{f}f(\mathrm{RH}) \qquad (2.45)$$

$$C_{f} = \chi(C_{f}') \qquad (2.46)$$

$$w_{c} = C_{f}/\rho_{f} \qquad (2.47)$$

$$\left.\frac{D_{a}\varepsilon_{a}}{\tau_{a}}\frac{\partial C_{a}}{\partial x}\right|_{x=0} = h_{m1}(C_{a} - C_{a\infty 1}) \qquad (2.48)$$

$$-\frac{D_a \varepsilon_a}{\tau_a} \frac{\partial C_a}{\partial x}\bigg|_{x=L} = h_{m2}(C_a - C_{a\infty 2}) \tag{2.49}$$

$$k_{\text{mix}} \frac{\partial T}{\partial x}\bigg|_{x=0} = h_{t1}(T - T_{\infty 1}) \tag{2.50}$$

$$-k_{\text{mix}} \frac{\partial T}{\partial x}\bigg|_{x=L} = h_{t2}(T - T_{\infty 2}) \tag{2.51}$$

$$T(x, 0) = T_0(x) \tag{2.52}$$

$$C_a(x, 0) = C_{a0}(x) \tag{2.53}$$

（2）递归控制方程

为了求解上述多孔纤维材料热湿耦合方程,采用时域递归展开算法将时域 $[0, t]$ 划分若干个间隔为 t_s 时段,在每个时段内将变量 C_a、C_f、T 和 C_f' 展开:

$$C_a = \sum_{m=0} C_{am} s^m, \ C_f = \sum_{m=0} C_{fm} s^m, \ T = \sum_{m=0} T_m s^m, \ C_f' = \sum_{m=0} C_{fm}' s^m, \ s = \frac{t - t_0}{t_s} \tag{2.54}$$

其中,t_0 和 t_s 分别表示时段起点和时间步长,而 C_{am}、C_{fm}、T_m 和 C_{fm}' 分别表示 C_a、C_f、T 和 C_f'的 m 阶展开系数。

利用导数转换关系:

$$\frac{\partial (\ )}{\partial t} = \frac{\partial (\ )}{\partial s} \frac{\partial s}{\partial t} = \frac{1}{t_s} \frac{\partial (\ )}{\partial s} \tag{2.55}$$

C_a、C_f、T 和 C_f'的一阶时间导数项可写成:

$$\frac{\partial C_a}{\partial t} = \sum_{m=0} \frac{(m+1)}{t_s} C_{a_{m+1}} s^m, \ \frac{\partial C_f}{\partial t} = \sum_{m=0} \frac{(m+1)}{t_s} C_{f_{m+1}} s^m$$

$$\frac{\partial T}{\partial t} = \sum_{m=0} \frac{(m+1)}{t_s} T_{m+1} s^m, \ \frac{\partial C_f'}{\partial t} = \sum_{m=0} \frac{(m+1)}{t_s} C_{f_{m+1}}' s^m \tag{2.56}$$

将其他变量可做类似展开:

$$\lambda = \sum_{m=0} \lambda_m s^m, \ k = \sum_{m=0} k_m s^m, \ w_c = \sum_{m=0} w_{cm} s^m, \ RH = \sum_{m=0} RH_m s^m, \ f = \sum_{m=0} f_m s^m$$

$$h_{c1} = \sum_{m=0} h_{c1m} s^m, \ h_{t1} = \sum_{m=0} h_{t1m} s^m, \ C_{ab1} = \sum_{m=0} C_{ab1m} s^m, \ T_{ab1} = \sum_{m=0} T_{ab1m} s^m$$

$$h_{c2} = \sum_{m=0} h_{c2m} s^m, \ h_{t2} = \sum_{m=0} h_{t2m} s^m, \ C_{ab2} = \sum_{m=0} C_{ab2m} s^m, \ T_{ab2} = \sum_{m=0} T_{ab2m} s^m \tag{2.57}$$

其中 c_{vm}，λ_m，k_m，w_{cm}，RH_m，f_m，h_{c1m}，h_{t1m}，C_{ab1m}，T_{ab1m}，h_{c2m}，h_{t2m}，C_{ab2m}，T_{ab2m} 表示 m 阶展开系数，它们依赖于 C_{a0}，C_{a1}，$\cdots$，C_{am} 或 T_0，T_1，$\cdots$，T_m。

将方程（2.54）~（2.57）代入方程（2.42）~（2.51），对应 s^N 幂次相等，可得

$$\frac{N+1}{t_s}\varepsilon_a C_{aN+1} + \frac{N+1}{t_s}\varepsilon_f C_{fN+1} = \frac{\partial}{\partial x}\left(\frac{D_a \varepsilon}{\tau_a}\frac{\partial C_{aN}}{\partial x}\right) \tag{2.58}$$

$$\sum_{m=0}^{N}\frac{m+1}{t_s}c_{vN-m}T_{m+1} - \sum_{m=0}^{N}\frac{m+1}{t_s}\varepsilon_f \lambda_{N-m}C_{fm+1} = \frac{\partial}{\partial x}\left(\sum_{m=0}^{N}k_{\mathrm{mix}N-m}\frac{\partial T_m}{\partial x}\right)$$
$$\tag{2.59}$$

$$\frac{N+1}{t_s}C'_{f_{m+1}} = \frac{1}{r}\frac{\partial}{\partial r}\left(rD_f \frac{\partial C'_{fN}}{\partial r}\right) \tag{2.60}$$

$$C'_{fN}(R_f) = f_N \tag{2.61}$$

$$C_{fN} = \chi(C'_{fN}) \tag{2.62}$$

$$w_{cN} = C_{fN}/\rho_f \tag{2.63}$$

$$\left.\frac{D_a \varepsilon}{\tau_a}\frac{\partial C_{aN}}{\partial x}\right|_{x=0} = \sum_{m=0}^{N}h_{m1N-m}(C_{am} - C_{a\infty 1m}) \tag{2.64}$$

$$\left.\frac{D_a \varepsilon}{\tau_a}\frac{\partial C_{aN}}{\partial x}\right|_{x=L} = -\sum_{m=0}^{N}h_{m2N-m}(C_{am} - C_{a\infty 2m}) \tag{2.65}$$

$$\left.\sum_{m=0}^{N}k_{\mathrm{mix}N-m}\frac{\partial T_m}{\partial x}\right|_{x=0} = \sum_{m=0}^{N}h_{t1N-m}(T_m - T_{a\infty 1m}) \tag{2.66}$$

$$\left.\sum_{m=0}^{N}k_{\mathrm{mix}N-m}\frac{\partial T_m}{\partial x}\right|_{x=L} = -\sum_{m=0}^{N}h_{t2N-m}(T_m - T_{a\infty 2m}) \tag{2.67}$$

方程（2.58）~（2.60）表示第 N 阶递归控制方程，而方程（2.61）和方程（2.64）~（2.67）表示方程边界条件。

（3）多孔纤维材料热湿耦合方程控制体积-时域递归算法

为得到满足初始、边界条件的方程（2.58）~（2.60）的解，如图 2.5 所示，选择均匀分布的控制体积 Δx 离散空间域。考虑内部控制点 P，它具有 E 和 W 两个网格点作为邻点，虚线表示控制体积截面分别用小写 e 和 w 表示。作为示例，讨论方程（2.59），如果控制体 P 位于内部区域，对整个控制体积分方程（2.59），有

$$\int_{\Delta x} \sum_{m=0}^{N} \frac{(m+1)}{t_s} c_{vN-m} T_{m+1} \mathrm{d}x - \int_{\Delta x} \sum_{m=0}^{N} \frac{(m+1)}{t_s} \varepsilon_f \lambda_{N-m} C_{fm+1} \mathrm{d}x$$

$$= \int_{\Delta x} \frac{\partial}{\partial x} \left(\sum_{m=0}^{N} k_{\mathrm{mix}N-m} \frac{\partial T_m}{\partial x} \right) \mathrm{d}x \qquad (2.68)$$

假设温度 T 值在整个控制体网格内是均匀的,界面上温度梯度采用相邻控制体节点温度线性插值,则

$$\sum_{m=0}^{N} \frac{m+1}{t_s} c_{vN-m}^P T_{m+1}^P - \sum_{m=0}^{N} \frac{m+1}{t_s} (1-\varepsilon) \lambda_{N-m}^P C_{fm+1}^P$$

$$= \sum_{m=0}^{N} \frac{k_{\mathrm{mix}N-m}^e}{(\Delta x)^2} T_m^E - \sum_{m=0}^{N} \frac{(k_{\mathrm{mix}N-m}^e + k_{\mathrm{mix}N-m}^w)}{(\Delta x)^2} T_m^P + \sum_{m=0}^{N} \frac{k_{\mathrm{mix}N-m}^w}{(\Delta x)^2} T_m^W$$

$$(2.69)$$

如果控制体位于左边界,考虑积分面积是内部控制体积的一半,代入方程(2.66),有

$$\sum_{m=0}^{N} \frac{m+1}{2t_s} c_{vN-m}^1 T_{m+1}^1 - \sum_{m=0}^{N} \frac{m+1}{2t_s} (1-\varepsilon) \lambda_{N-m}^1 C_{fm+1}^1$$

$$= \sum_{m=0}^{N} \frac{k_{\mathrm{mix}N-m}^{1\frac{1}{2}}}{(\Delta x)^2} (T_m^2 - T_m^1) - \sum_{m=0}^{N} \frac{h_{t1N-m}}{\Delta x} (T_m^1 - T_{a\infty 1m}) \qquad (2.70)$$

如果控制体 P 位于右端边界:

$$\sum_{m=0}^{N} \frac{m+1}{2t_s} c_{vN-m}^{N_P} T_{m+1}^{N_P} - \sum_{m=0}^{N} \frac{m+1}{2t_s} (1-\varepsilon) \lambda_{N-m}^{N_P} C_{fm+1}^{N_P}$$

$$= \sum_{m=0}^{N} \frac{k_{\mathrm{mix}N-m}^{N_P-\frac{1}{2}}}{\Delta x^2} (T_m^{N_P-1} - T_m^{N_P}) - \sum_{m=0}^{N} \frac{h_{t2N-m}}{\Delta x} (T_m^{N_P} - T_{a\infty 2m}) \qquad (2.71)$$

使用同样方法处理水蒸气质量守恒方程,有

$$\frac{N+1}{t_s} \varepsilon_a C_{aN+1}^P + \frac{N+1}{t_s} \varepsilon_f C_{fN+1}^P = \frac{D_a \varepsilon_a}{(\Delta x)^2 \tau_a} (C_{aN}^E - 2C_{aN}^P + C_{aN}^W) \qquad (2.72)$$

$$\frac{N+1}{2t_s} \varepsilon_a C_{aN+1}^1 + \frac{N+1}{2t_s} \varepsilon_f C_{fN+1}^1 = \frac{D_a \varepsilon_a}{(\Delta x)^2 \tau_a} (C_{aN}^2 - C_{aN}^1) - \sum_{m=0}^{N} \frac{h_{m1N-m}}{\Delta x} (C_{am}^1 - C_{a\infty 1m})$$

$$(2.73)$$

$$\frac{N+1}{2t_s}\varepsilon_a C_{aN+1}^{N_P} + \frac{N+1}{2t_s}\varepsilon_f C_{fN+1}^{N_P} = \frac{D_a\varepsilon_a}{(\Delta x)^2\tau_a}(C_{aN}^{N_P-1} - C_{aN}^{N_P}) - \sum_{m=0}^{N}\frac{h_{m1N-m}}{\Delta x}(C_{am}^{N_P} - C_{a\infty 2m})$$

$$(2.74)$$

对于沿径向划分为 N_R 等分的纤维,离散化方程为

$$\frac{N+1}{t_s}C_{fN+1}^{'j} = \frac{D_f^e}{(\Delta r)^2}\left(1 + \frac{1}{2j}\right)C_{fN}^{'j+1} + \frac{D_f^w}{(\Delta r)^2}\left(1 - \frac{1}{2j}\right)C_{fN}^{'j-1} -$$

$$\frac{1}{(\Delta r)^2}(D_f^w + D_f^e)C_{fN}^{'j}, \quad j = 1, 2, \cdots, N_R - 1 \qquad (2.75)$$

$$C_{fN}^{'N_R} = f_N \qquad (2.76)$$

$$\frac{N+1}{t_s}C_{fN+1}^{'0} = \frac{4}{(\Delta r)^2}D_f^{1/2}(C_{fN}^{'1} - C_{fN}^{'0}) \qquad (2.77)$$

$$C_{fN}^P = \chi_P(C_{fN}^{'j}), \quad j = 1, 2, \cdots, N_R - 1 \qquad (2.78)$$

$$w_{cN}^P = C_{fN}^P/\rho_f \qquad (2.79)$$

（4）服装物性参数展开

计算中采用表 2.1 所列的热物性参数,从表中我们可以看出包括指数、倒数和 e 函数,它们可以用下面方法近似。

表 2.1　服装热物性参数

参　数	符　号	单　位	表　达　式
体积热容	C_{vf}	kJ/(m³·K)	$\left(\dfrac{0.32 + w_c}{1 + w_c}\right) \times 4.184 \times 10^3 \times \rho_f$[4]
热传导率	k	W/(m²·K)	$(38.493 - 0.72w_c + 0.113w_c^2 - 0.002w_c^3) \times 10^{-3}$[3]
纤维吸湿潜热	λ	kJ/kg	$1\,602.5\exp(-11.72w_c) + 2\,522.0$[3]

1）特殊函数展开。

不失一般性,一个变量 V 可以展开成如下形式:

$$V = \sum_{m=0} V_m s^m \qquad (2.80)$$

则 V^2 的 N 阶展开系数可表示为

$$(V^2)_N = \sum_{m=0}^{N} V_{N-m}V_m \qquad (2.81)$$

V^3 的 N 阶展开系数可写为

$$(V^3)_N = \sum_{m=0}^{N} (V^2)_{N-m} V_m \tag{2.82}$$

其他高阶指数的系数展开是类似的。

倒数函数的展开可采用下列方法:

因为

$$f = 1/V \tag{2.83}$$

所以

$$fV = 1 \tag{2.84}$$

将展开式代入方程(2.84),有

$$\sum_{m=0} f_m s^m \cdot \sum_{m=0} V_m s^m = \sum_N \Big(\sum_{m=0}^{N} f_{N-m} V_m \Big) s^N = 1s^0 + 0s^1 + 0s^2 + \cdots + 0s^N \tag{2.85}$$

利用 s^N 阶系数相等,得

$$f_0 = \frac{1}{V_0}, \quad N = 0$$

$$f_N = - \frac{1}{V_0} \Big(\sum_{m=1}^{N} f_{N-m} V_m \Big), \ N \geqslant 1 \tag{2.86}$$

e 函数可以用二次插值替代,通过离散自变量的方法,我们可以获得在离散自变量点处的 e 函数值,通过三点插值法获得二次函数的形式:

$$f = aV^2 + bV + c \tag{2.87}$$

其中,a、b 和 c 是插值系数。

对于(2.87)展开 f 和 V,并且令 s^N 的系数相等,可得

$$f_0 = aV_0^2 + bV_0 + c, f_N = a \sum_{m=0}^{N} V_{N-m} V_m + bV_N, N \geqslant 1 \tag{2.88}$$

使用这方法可以获得回潮率函数 $f(\mathrm{RH})$ 和饱和蒸汽浓度函数 $C_a^*(T)$ 的相应展开系数。

2)物性参数展开。

使用上述特殊函数展开法,可以获得第 N 阶物性参数展开系数如下:

体积热容为

$$c_{vf0} = \frac{(4.184 \times 10^3 \times \rho_f)w_{c10}}{w_{c20}}$$

$$c_{vfN} = \left[(4.184 \times 10^3 \times \rho_f)w_{c1N} - \sum_{m=1}^{N} c_{vfN-m}w_{c2m} \right] / w_{c20}, \quad N \geqslant 1 \qquad (2.89)$$

其中，

$$w_{c10} = 0.32 + w_{c0}, \quad w_{c1N} = w_{cN}, \quad N \geqslant 1 \qquad (2.90)$$

$$w_{c20} = 1.0 + w_{c0}, \quad w_{c2N} = w_{cN}, \quad N \geqslant 1 \qquad (2.91)$$

热传导率为

$$k_0 = (38.493 - 0.720w_{c0} + 0.113w_{c0}^2 - 0.002w_{c0}^3) \times 10^{-3}$$

$$k_N = \left\{ -0.720w_{cN} + 0.113\sum_{m=0}^{N} w_{cN-m}w_{cm} - 0.002\sum_{m=0}^{N} [M]_{N-m}w_{cm} \right\} \times 10^{-3}, \quad N \geqslant 1 \qquad (2.92)$$

其中，$[M]_{N-m}$ 可以通过 $[M]_N = \sum\limits_{m=0}^{N} w_{cN-m}w_{cm}$ 获得。

3）纤维吸湿潜热、饱和水蒸气浓度、相对湿度和回潮率曲线。

在 w_{c0} 点可以获得纤维吸湿潜热的二次曲线表达式中的系数 a、b 和 c，然后潜热的各阶展开系数可表述为

$$\lambda_0^* = aw_{c0}^2 + bw_{c0} + c, \quad \lambda_N^* = a\sum_{m=1}^{N} w_{cN-m}w_{cm} + bw_{cN}, \quad N \geqslant 1 \qquad (2.93)$$

类似地使用 T_0，可获得饱和水蒸气浓度二次函数表达式中的 a_1、b_1 和 c_1，进而获得饱和蒸汽浓度各阶表达式：

$$C_{a0}^* = a_1 T_0^2 + b_1 T_0 + c_1, \quad C_{aN}^* = a_1\sum_{m=0}^{N} T_{N-m}T_m + b_1 T_N, \quad N \geqslant 1 \qquad (2.94)$$

获得饱和水蒸气浓度的各阶表达式后，相对湿度的各阶表达式如下：

$$\text{RH}_0 = 100\% C_{a0}/C_{a0}^*, \quad \text{RH}_N = \left(100\% C_{aN} - \sum_{m=1}^{N} \text{RH}_{N-m} C_{am}^* \right) / C_{a0}^*, \quad N \geqslant 1 \qquad (2.95)$$

最后，运用 RH_0，获得回潮率二次函数的系数 a_2、b_2 和 c_2，然后可获得回潮率函数的各阶系数表达式：

$$f_0 = a_2 \text{RH}_0^2 + b_2 \text{RH}_0 + c_2, \quad f_N = a_2\sum_{m=0}^{N} \text{RH}_{N-m}\text{RH}_m + b_2\text{RH}_N, \quad N \geqslant 1 \qquad (2.96)$$

（5）计算流程

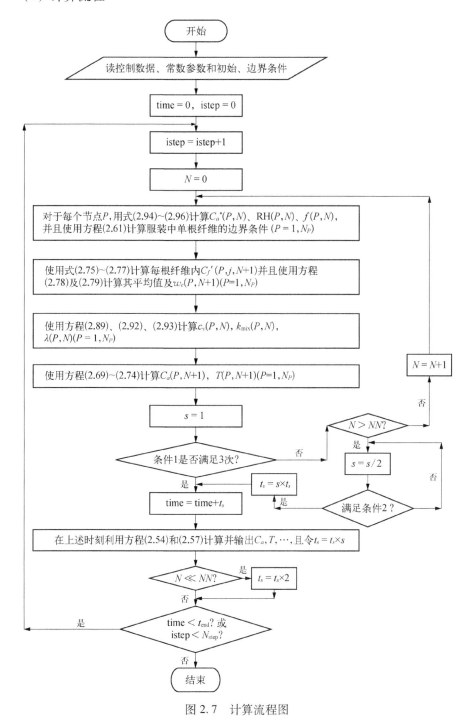

图 2.7　计算流程图

　　根据上述时域递归展开算法,我们可以给出求解服装热湿耦合方程的程序的流程,如图 2.7 所示。在第一个时间段,$C_a(P, 0)$、$T(P, 0)$ 由初始条件提供,在 istep 个时间段,它们由第(istep−1)时间段的展开系数通过方程(2.54)计算获得。通过利用以上计算流程,多孔纤维材料内热湿耦合方程可以分步层层递归求解,可以避免非线性迭代。时间步长可根据经典需求和展开阶数选择。在计算流程中有两个条件,条件 1:

$$\mathrm{abs}\left[C_a(P, N + 1)s^{N+1}/\sum_{m=0}^{N} C_{am}s^m\right] \leqslant \varepsilon_1$$

$$\mathrm{abs}\left[T(P, N + 1)s^{N+1}/\sum_{m=0}^{N} T_m s^m\right] \leqslant \varepsilon_2$$

$$N = 0, 1, \cdots \tag{2.97}$$

　　利用上面的准则判断是否收敛,如果 P 点的 C_a 和 T 如连续 3 次满足该准则,则该时间段计算结束,进入下一时间步,如果该准则不满足,第 $N+1$ 步递归计算继续,直到满足收敛。计算中,N 的上限 NN 是提前指定的。如果 $N>NN$ 计算仍未停止,需要减少时间步长重新计算,这里我们通过条件 2,条件 2:

$$\mathrm{abs}\left[C_a(P, N + 1)s^{N+1}/\sum_{m=0}^{N} C_{am}s^m\right] \leqslant \varepsilon_1$$

$$\mathrm{abs}\left[T(P, N + 1)s^{N+1}/\sum_{m=0}^{N} T_m s^m\right] \leqslant \varepsilon_2$$

$$N = NN, NN - 1, NN - 2 \tag{2.98}$$

如果上述准则对于 NN、$NN−1$ 和 $NN−2$ 连续满足 3 次,则更新时间步长为 $t_s \cdot s$,进行下一步。如果当 $N \ll NN$ 时条件 1 满足,则较大时间步长可以考虑。每一个时间步长内,截断误差依赖于 ε_1 和 ε_2 的选择。

　　3. 控制体−时域递归展开算法的实验验证及其与控制体−时域有限差分法比较

　　为了验证前面提出的控制体−时域递归展开算法的有效性,这里首先采用控制体−时域递归展开算法模拟了一个羊毛多孔纤维材料的湿吸附过程实验,并与实验数据进行了比较。然后比较了采用控制体时域递归展开算法和控制体−时域有限差分法的计算结果。进而比较两种算法的优缺点。

　　一个尺寸为 3 cm×15 cm×2.96 mm 的羊毛多孔纤维材料样品悬挂在电子秤上的一个气室内,电子秤可以测量羊毛多孔纤维材料吸湿过程中的重量变化。气室中温度被控制在(293.15±2) K。相对湿度通过分流式湿度发生器产生。多孔纤维材料首先在 0% RH 的气室平衡 90 min,然后气室内相对湿度 RH 在 0 时迅速从 0% 变到 99%,此相对湿度一直持续到实验结束。多孔纤维材料样品的表面温度使用贴在其表面的热电偶测量,平均含水量通过电子秤记录的质量计算获得。详细的实验情况可参阅文献[7]。在计算中,参数选取如下:纤维内蒸汽扩散系数 $D_f = 10^{-14}$ m²/s,多孔纤维材料孔隙率 $\varepsilon_a = 0.925$,多孔纤维材料边界的传质系数 $h_{m1} = h_{m2} = 0.137$ m/s,综合换热系数 $h_{t1} = h_{t2} = 5.7$ W/(m²·K)。控制精度 $\varepsilon_1 = \varepsilon_2 = 1.0 \times 10^{-15}$,迭代上限 $NN = 20$。时域递归展开算法被用于模拟羊毛多孔纤维材料的吸湿过程,理论计算和实验测得的多孔纤维材料表面温度和含水量比较见图 2.8 和图 2.9。

图 2.8 是控制体-时域递归展开算法预测的多孔纤维材料表面温度和实验结果的对比。从图 2.8 可以看出纤维吸湿性对多孔纤维材料表面温度的影响。控制

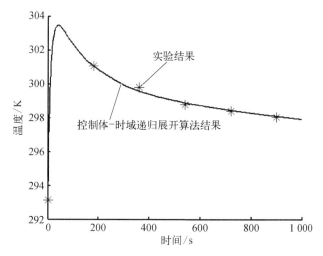

图 2.8　多孔纤维材料表面温度预测和实验结果比较

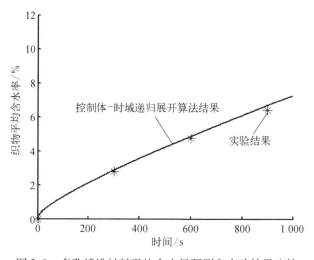

图 2.9　多孔纤维材料平均含水量预测和实验结果比较

体-时域递归展开算法预测温度与实验结果趋势一致,并且具有较高的精度。控制体-时域递归展开算法预测温度和实验结果平均相对误差为 0.02%。图 2.9 表明了控制体-时域递归展开算法预测的多孔纤维材料平均含水量与实验结果具有相同的趋势,并且数值接近,平均相对误差为 2.63%。通过与实验的对比,证明了控制体-时域递归展开算法是正确的,并且具有较好的精度。

为了验证控制体-时域递归展开算法对时间步长选择的依赖性,这里采用控制体-时域递归展开算法和 2.3.1 节提出的控制体-时域有限差分法分别求解多孔纤维材料热湿耦合方程,比较结果如图 2.10～2.13 所示。

图 2.10 和图 2.11 说明了不同算法预测的多孔纤维材料表面温度变化与时间

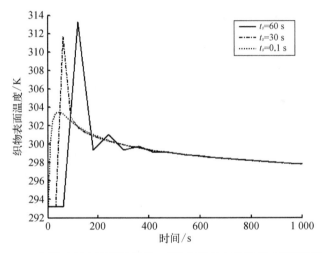

图 2.10　不同时间步长下控制体-时域有限差分法计算表面温度结果

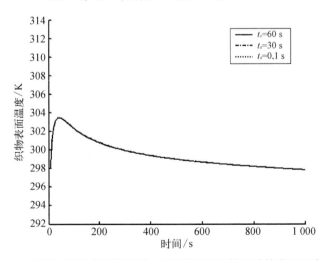

图 2.11　不同时间步长下控制体-时域递归展开算法计算表面温度结果

步长选择的关系。从图 2.10 可以看出,控制体-时域有限差分法预测温度受时间步长影响较大,当步长较大时结果有波动现象。而图 2.11 说明控制体-时域递归展开算法步长选择对预测结果几乎没有影响。

图 2.12 和图 2.13 给出了时间步长选择对多孔纤维材料表面含水量变化预测结果的影响,可以看出,对于控制体-时域有限差分算法,含水量预测结果依赖时间步长,而控制体-时域递归展开算法几乎不受步长选择限制。

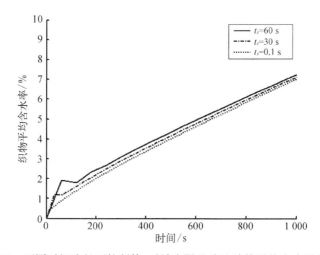

图 2.12　不同时间步长下控制体-时域有限差分法计算平均含水量的结果

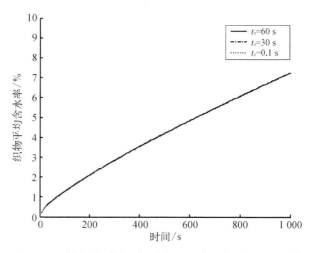

图 2.13　不同时间步长下控制体-时域递归展开算法计算
多孔纤维材料平均含水量的结果

通过上面算例的两种计算方法的计算结果分析,我们可以得出如下的结论:

1) 时域递归展开算法预测结果几乎不受步长选择的限制,因为它通过展开阶数控制计算精度,而精度可以通过人为设定的控制参数加以控制。这对于提高服装 CAD 系统的鲁棒性及可操作性尤为重要。

2）与常规的时域有限差分法相比,时域递归展开算法通过显式递归求得各阶系数,无须隐式求解方程组,这对于求解大型问题存在一定的潜力,尤其是与使用迭代类的隐式差分算法求解非线性问题相比。

3）从算法实现的难易程度来看,常规的控制体-时域有限差分法实现程序更简单,当步长取得比较小时,可获得与时域递归展开算法相近似的结果。

2.3　3-D 多孔纤维材料热湿传递模型及有限元解法

前面介绍了 1-D 多孔纤维材料热湿耦合模型及相应算法,该模型在只考虑热量和水蒸气传递的情况下可以获得满意的效果和精度,然而,当考虑汗液传递时存在一定的局限性,因为汗液在服装中的传递具有局域性的特点,当一部分汗液进入服装,它不但沿厚度方向传递,也会沿着服装内部其他方向渗透或扩散。这就提出了三维多孔纤维材料(多孔纤维材料)内的热湿传递问题。

2.3.1　3-D 多孔纤维材料热湿传递模型

在第 1 章中介绍了 Li 和 Zhu 推导的包含液态水在多孔纤维材料中的扩散模型方程,其中扩散系数考虑了包括纤维表面张力、接触角、有效毛细管孔径分布等物理参数,他们的控制方程可以写成如下形式[4]:

$$\frac{\partial(C_a\varepsilon_a)}{\partial t} = \frac{1}{\tau_a}\frac{\partial}{\partial x}\left[D_a\frac{\partial(C_a\varepsilon_a)}{\partial x}\right] - \xi_1\varepsilon_f\Gamma_f + \Gamma_{lg} \qquad (2.99)$$

$$\frac{\partial(\rho_l\varepsilon_l)}{\partial t} = \frac{1}{\tau_l}\frac{\partial}{\partial x}\left[D_l(\varepsilon_l)\frac{\partial(\rho_l\varepsilon_l)}{\partial x}\right] - \xi_2\varepsilon_f\Gamma_f - \Gamma_{lg} \qquad (2.100)$$

$$c_v\frac{\partial T}{\partial t} = \frac{\partial}{\partial x}\left[K_{mix}(x)\frac{\partial T}{\partial x}\right] + \varepsilon_f\Gamma_f(\xi_1\lambda_v + \xi_2\lambda_l) - \lambda_{lg}\Gamma_{lg} \qquad (2.101)$$

$$\Gamma_{lg} = \frac{\varepsilon_a}{\varepsilon}h_{lg}S_v[C^*(T) - C_a] \qquad (2.102)$$

其中,Γ_f 表示纤维的吸湿率;Γ_{lg} 表示液态水的蒸发率。

为了描述多孔纤维材料内三维热湿传递现象,这里把上述 1-D 方程扩展成 3-D。下列方程分别为水蒸气质量平衡方程、液态水质量平衡方程、服装能量平衡方程和体积分数关系：

$$
\begin{cases}
\dfrac{\partial(C_a\varepsilon_a)}{\partial t} = \vec{\nabla}\cdot\left(\dfrac{D_a\varepsilon_a}{\tau_a}\ \vec{\nabla}C_a\right) - \varepsilon_f\xi_1\Gamma_f + \Gamma_{\lg} \\[3mm]
\dfrac{\partial(\rho_l\varepsilon_l)}{\partial t} = \vec{\nabla}\cdot\left[\dfrac{D_l}{\tau_l}\ \vec{\nabla}(\rho_l\varepsilon_l)\right] - \varepsilon_f\xi_2\Gamma_f - \Gamma_{\lg} + a\dfrac{\partial\varepsilon_l}{\partial z} \\[3mm]
c_v\dfrac{\partial T_{cl}}{\partial t} = \vec{\nabla}\cdot(k_{\text{mix}}\vec{\nabla}T_{cl}) + \varepsilon_f\Gamma_f(\xi_1\lambda_v + \xi_2\lambda_l) - \lambda_{\lg}\Gamma_{\lg} \\[3mm]
\varepsilon = \varepsilon_l + \varepsilon_a = 1 - \varepsilon_f
\end{cases}
\tag{2.103}
$$

其中，D_l 是液态水扩散系数，它是和纤维表面张力 σ、接触角 ϕ、有效毛细管孔径 d_c、毛细孔倾角 β、动力黏度 η、孔隙率 ε 及孔隙中液态水体积分数 ε_l 有关的物理参数，$D_l = \dfrac{3\sigma\cos\phi(\sin\beta)^2 d_c\varepsilon_l}{20\eta\varepsilon}$，$a$ 代表和重力加速度 g 等因素相关的参数，根据文献[4]，$a = \dfrac{9g(\sin\beta)^2\rho_l d_c^2\varepsilon_l^2}{40\eta\varepsilon^2}$。

服装内表面的热流和湿流传输可以用以下方程表示：

$$
\begin{cases}
-\dfrac{D_l}{\tau_l}\ \vec{\nabla}(\rho_l\varepsilon_l)\cdot\vec{n}\bigg|_{\Gamma_1} = \kappa_2 h_{\lg}[C_a^*(T_{cl,0}) - C_{\text{ask}}] \\[3mm]
-\dfrac{D_a\varepsilon_a}{\tau_a}\ \vec{\nabla}C_a\cdot\vec{n}\bigg|_{\Gamma_1} = -m'' \\[3mm]
-k_{\text{mix}}\vec{\nabla}T\cdot\vec{n}\big|_{\Gamma_1} = [H_{t1}(T_{cl,0} - T_{\text{skin}})] - \lambda_{\lg}m'' + \kappa_2\lambda_{\lg}h_{\lg}[C_a^*(T_{cl,0}) - C_{\text{ask}}]
\end{cases}
\tag{2.104}
$$

其中，H_{t1} 是包含对流和辐射热传导的综合导热系数；$\lambda_{\lg}$ 表示液态水的蒸发潜热；m'' 表示皮肤表面的湿蒸发率；$\kappa_2 = \varepsilon_l/\varepsilon$ 表示蒸发传质比例；$h_{\lg}$ 表示液态水的蒸发系数；C_a^* 表示饱和水蒸气浓度，它是服装温度的函数；C_{ask} 表示皮肤表面的水蒸气浓度。

在服装外表面，热传导包含对流和辐射热传导。在服装外边界，发生对流传湿以及蒸发和冷凝现象，因此，外边界条件可以用以下方程表达：

$$
\begin{cases}
-\dfrac{D_a\varepsilon_a}{\tau_a}\ \vec{\nabla}C_a\cdot\vec{n}\bigg|_{\Gamma_2} = \kappa_1 H_{m2}(C_{acl,L} - C_{\text{env}}) \\[3mm]
-\dfrac{D_l\rho_l}{\tau_l}\ \vec{\nabla}\varepsilon_l\cdot\vec{n}\bigg|_{\Gamma_2} = \kappa_2 h_{\lg}[C^*(T_{cl,L}) - C_{\text{env}}] \\[3mm]
-k_{\text{mix}}\ \vec{\nabla}T\cdot\vec{n}\big|_{\Gamma_2} = \lambda_{\lg}\kappa_2 h_{\lg}[C_a^*(T_{cl,L}) - C_{\text{aenv}}] + H_{t2}(T_{cl,L} - T_{\text{env}})
\end{cases}
\tag{2.105}
$$

其中,下角标 env 代表周围环境变量;下角标 L 代表服装外表面;H_{t2} 表示服装外表面的综合导热系数;$\kappa_1 = \varepsilon_a / \varepsilon$ 表示水蒸气在孔隙中所占的体积分数;H_{m2} 表示传质系数。

2.3.2　3-D 多孔纤维材料热湿传递模型方程的有限元解

上面我们已经有了控制方程和边界条件,现在我们可以运用 Galerkin 加权余量法来离散控制方程,建立方程的有限元解。对于空间问题,我们把计算域剖分成形状和大小都是任意的八节点六面体单元。由于在这种任意形状和位置的六面体单元中积分非常困难,因此要寻找一种坐标变换,使得图 2.14(a)中任意的六面体单元变换为图 2.14(b)中的正方体单元。这种正方体单元的边长都是2,且各边都与坐标轴平行,单元中心点即为坐标原点。这个变换不是对整个求解域进行的,而是对每个单元分别进行的。(x, y, z) 称为整体坐标,它适用于整个求解域,而(ξ, η, ζ) 为局部坐标,它只适用于每一个单元。对于图 2.14(b)中正方体域的积分是非常方便的。这个变换具有如下关系:

$$x = \sum_{i=1}^{8} N_i(\xi, \eta, \zeta) x_i$$

$$y = \sum_{i=1}^{8} N_i(\xi, \eta, \zeta) y_i \qquad (2.106)$$

$$z = \sum_{i=1}^{8} N_i(\xi, \eta, \zeta) z_i$$

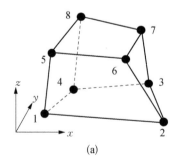　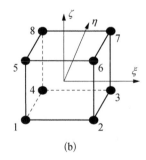

图 2.14　8 节点块状单元

式中,x_i、y_i、z_i 为第 i 个节点的整体坐标,x、y、z 单元内任意一点的整体坐标,$N_i(\xi, \eta, \zeta)$ 称为形状函数,其值与局部坐标中位置 (ξ, η, ζ) 有关,为了书写方便,后面用 N_i 替代 $N_i(\xi, \eta, \zeta)$,其表达式可表示为

$$N_i = (1 + \xi\xi_i)(1 + \eta\eta_i)(1 + \zeta\zeta_i)/8 \quad (i = 1, 2, \cdots, 8) \tag{2.107}$$

其中,ξ_i、η_i、ζ_i 分别表示 ξ、η、ζ 在节点 i 处的值。

定义完形函数以后,对于任意点的变量,都可以用单元节点变量与形函数的乘积求和获得,例如单元内任意点的服装温度 T_{cl} 都可以在单元中估算出:

$$T_{cl} \approx \hat{T}_{cl} = \sum_{i=1}^{8} N_i T_{cli} = [N]\{T_{cl}\}^e \tag{2.108}$$

其中,$[N] = [N_1, N_2, \cdots, N_8]$,$\{T_{cl}\}^e = [T_{cl1}, T_{cl2}, \cdots, T_{cl8}]^T$,上角标 T 代表向量转置。这里我们以服装的能量传递方程为例来说明控制方程的离散过程。首先,将近似函数方程(2.108)带入控制方程(2.103)中的第三个方程,因为采用了单元节点变量的插值近似代替了原来的精确服装温度,故必然产生一个余项 R:

$$R = c_v[N]\frac{\partial\{T_{cl}\}^e}{\partial t} - \vec{\nabla} \cdot (k_{\text{mix}}\vec{\nabla}[N]\{T_{cl}\}^e) - \varepsilon_f \Gamma_f(\xi_1\lambda_v + \xi_2\lambda_l) + \lambda_{\text{lg}}\Gamma_{\text{lg}} \tag{2.109}$$

加权余量法就是寻求空间域内的余项加权之和为零:

$$\int_{\Omega} W_j R d\Omega = \int_{\Omega} W_j c_v[N]\frac{\partial\{T_{cl}\}^e}{\partial t}d\Omega - \int_{\Omega} W_j \vec{\nabla} \cdot (k_{\text{mix}}\vec{\nabla}[N]\{T_{cl}\}^e)d\Omega$$

$$- \int_{\Omega} W_j[\varepsilon_f \Gamma_f(\xi_1\lambda_v + \xi_2\lambda_l) - \lambda_{\text{lg}}\Gamma_{\text{lg}}]d\Omega = 0 \tag{2.110}$$

其中,W_j 是第 j 个节点的加权函数,$j = 1, 2, \cdots, N_P$,N_P 是空间域 Ω 内的离散节点数。在 Galerkin 的理论中,取 $W_j = N_j$,可得

$$\int_{\Omega} N_j c_v[N]\frac{\partial\{T_{cl}\}^e}{\partial t}d\Omega - \int_{\Omega} N_j \vec{\nabla} \cdot (k_{\text{mix}}\vec{\nabla}[N]\{T_{cl}\}^e)d\Omega$$

$$- \int_{\Omega} N_j[\varepsilon_f \Gamma_f(\xi_1\lambda_v + \xi_2\lambda_l) - \lambda_{\text{lg}}\Gamma_{\text{lg}}]d\Omega = 0 \tag{2.111}$$

写成单元对号累加求和的形式:

$$\sum_{ie=1}^{\text{NE}} \int_{\Omega^e} [N]^T c_v[N]\frac{\partial\{T_{cl}\}^e}{\partial t}d\Omega - \sum_{ie=1}^{\text{NE}} \int_{\Omega^e} [N]^T \vec{\nabla} \cdot (k_{\text{mix}}\vec{\nabla}[N]\{T_{cl}\}^e)d\Omega$$

$$- \sum_{ie=1}^{\text{NE}} \int_{\Omega^e} [N]^T[\varepsilon_f \Gamma_f(\xi_1\lambda_v + \xi_2\lambda_l) - \lambda_{\text{lg}}\Gamma_{\text{lg}}]d\Omega = 0 \tag{2.112}$$

其中,NE 表示单元总数;Ω^e 表示单元体积。利用分部积分公式处理上述方程的第二项,其他项不变,可得

$$\sum_{ie=1}^{NE} \int_{\Omega^e} [N]^T c_v [N] \frac{\partial \{T_{cl}\}^e}{\partial t} \mathrm{d}\Omega - \sum_{ie=1}^{NE} \int_{\Gamma^e} [N]^T (k_{\mathrm{mix}} \ \vec{\nabla}[N]\{T_{cl}\}^e \cdot \vec{n}) \mathrm{d}\Gamma$$

$$+ \sum_{ie=1}^{NE} \int_{\Omega^e} \vec{\nabla}[N]^T \cdot k_{\mathrm{mix}} \ \vec{\nabla}[N]\{T_{cl}\}^e \mathrm{d}\Omega$$

$$- \sum_{ie=1}^{NE} \int_{\Omega^e} [N]^T [\varepsilon_f \Gamma_f(\xi_1 \lambda_v + \xi_2 \lambda_l) - \lambda_{\mathrm{lg}} \Gamma_{\mathrm{lg}}] \mathrm{d}\Omega = 0 \qquad (2.113)$$

将边界条件代入上述方程,用隐式差分法离散时间域:

$$\left[\frac{1}{\Delta t} \sum_{ie=1}^{NE} \int_{\Omega^e} [N]^T c_v [N] \mathrm{d}\Omega + \sum_{ie=1}^{NBE1} \int_{\Gamma_1^e} [N]^T H_{tl} [N] \mathrm{d}\Gamma + \sum_{ie=1}^{NE} \int_{\Omega^e} (\vec{\nabla}[N]^T) \right.$$

$$\left. \cdot (k_{\mathrm{mix}} \ \vec{\nabla}[N]) \mathrm{d}\Omega + \sum_{ie=1}^{NBE2} \int_{\Gamma_2^e} [N]^T H_{t2} [N] \mathrm{d}\Gamma \right] \{T_{cl}\}^{n+1}$$

$$= - \sum_{ie=1}^{NBE2} \int_{\Gamma_2^e} [N]^T \kappa_2 h_{\mathrm{lg}} \lambda_{\mathrm{lg}} [C^* (T_{cl, L}) - C_{a, \mathrm{amb}}] \mathrm{d}\Gamma$$

$$- \sum_{ie=1}^{NBE1} \int_{\Gamma_1^e} [N]^T \kappa_2 h_{\mathrm{lg}} \lambda_{\mathrm{lg}} [C^* (T_{cl, 0}) - C_{\mathrm{ask}}] \mathrm{d}\Gamma$$

$$+ \sum_{ie=1}^{NE} \int_{\Omega^e} [N]^T \varepsilon_f \Gamma_f(\xi_1 \lambda_v + \xi_2 \lambda_l) \mathrm{d}\Omega - \sum_{ie=1}^{NE} \int_{\Omega^e} [N]^T \lambda_{\mathrm{lg}} \Gamma_{\mathrm{lg}} \mathrm{d}\Omega$$

$$+ \sum_{ie=1}^{NBE1} \int_{\Gamma_1^e} [N]^T H_{t1} T_{\mathrm{skin}} \mathrm{d}\Gamma + \frac{1}{\Delta t} \sum_{ie=1}^{NE} \int_{\Omega^e} [N]^T c_v [N] \mathrm{d}\Omega \{T\}^n$$

$$+ \sum_{ie=1}^{NBE2} \int_{\Gamma_2^e} [N]^T H_{t2} T_{\mathrm{amb}} \mathrm{d}\Gamma - \sum_{ie=1}^{NBE1} \int_{\Gamma_1^e} [N]^T \lambda_{\mathrm{lg}} m'' \mathrm{d}\Gamma$$

$$(2.114)$$

其中,Δt 表示时间步长;NE 表示服装单元的总数量;NBE1 和 NBE2 分别表示在 Γ_1 和 Γ_2 处的边界单元数。在上面的方程中,n 表示时间的变量,用于计算等号右边的项。方程(2.114)中包含多项体积分和面积分的计算,由于单元剖分的任意性,导致积分运算困难,常用等参变换法将积分域由空间任意形状的六面体转换为正方体然后采用高斯积分计算,下面以方程(2.114)为例说明计算方法。观察方程(2.114),可以发现,单元积分项有两种类型,一种是体积分,如 $\int_{\Omega^e} [N]^T c_v [N] \mathrm{d}\Omega$,$\sum_{ie=1}^{NE} \int_{\Omega^e} (\vec{\nabla}[N]^T) \cdot (k_{\mathrm{mix}} \ \vec{\nabla}[N]) \mathrm{d}\Omega$,另一种是对面积进行积分,如 $\int_{\Gamma_1^e} [N]^T H_{tl} [N] \mathrm{d}\Gamma$。下面就以这几项为例说明数值计算方法。

令 $[C]^e = \int_{\Omega^e} [N]^T c_v [N] \mathrm{d}\Omega$,经过整体坐标变换与局部坐标变换后

$$[C]^e = \int_{\Omega^e} [N]^{\mathrm{T}} c_v [N] \mathrm{d}\Omega = \int_{-1}^{+1}\int_{-1}^{+1}\int_{-1}^{+1} c_v \begin{bmatrix} N_1 N_1 & N_1 N_2 & \cdots\cdots & N_1 N_8 \\ N_2 N_1 & N_2 N_2 & \cdots\cdots & N_2 N_8 \\ \cdots\cdots & \cdots\cdots & \cdots\cdots & \cdots\cdots \\ N_8 N_1 & N_8 N_2 & \cdots\cdots & N_8 N_8 \end{bmatrix} \mid J \mid \mathrm{d}\xi\mathrm{d}\zeta\mathrm{d}\eta$$

$$(2.115)$$

其中 $\mid J \mid$ 是雅可比矩阵 $[J]$ 的行列式,雅可比矩阵为

$$[J] = \begin{bmatrix} \displaystyle\sum_1^8 \frac{\partial N_i}{\partial \xi} x_i & \displaystyle\sum_1^8 \frac{\partial N_i}{\partial \xi} y_i & \displaystyle\sum_1^8 \frac{\partial N_i}{\partial \xi} z_i \\ \displaystyle\sum_1^8 \frac{\partial N_i}{\partial \eta} x_i & \displaystyle\sum_1^8 \frac{\partial N_i}{\partial \eta} y_i & \displaystyle\sum_1^8 \frac{\partial N_i}{\partial \eta} z_i \\ \displaystyle\sum_1^8 \frac{\partial N_i}{\partial \zeta} x_i & \displaystyle\sum_1^8 \frac{\partial N_i}{\partial \zeta} y_i & \displaystyle\sum_1^8 \frac{\partial N_i}{\partial \zeta} z_i \end{bmatrix}$$

$$(2.116)$$

对于矩阵内每一元素

$$\begin{aligned} C_{m,l}^e &= \int_{-1}^{+1}\int_{-1}^{+1}\int_{-1}^{+1} c_v N_m N_l \mid J \mid \mathrm{d}\xi\mathrm{d}\zeta\mathrm{d}\eta \\ &= c_v \sum_{i=1}^{ni}\sum_{j=1}^{nj}\sum_{k=1}^{nk} H_i H_j H_k N_m(\xi_i,\ \eta_j,\ \zeta_k) N_l(\xi_i,\ \eta_j,\ \zeta_k) \mid J(\xi_i,\ \eta_j,\ \zeta_k) \mid \end{aligned}$$

$$(2.117)$$

对于 8 节点单元,如果 n_i、n_j、$n_k = 2$,则可令

$$\xi_1 = \zeta_1 = \eta_1 = -0.5773,\ \xi_2 = \zeta_2 = \eta_2 = 0.5773,\ H_1 = H_2 = 1。$$

令 $[K]^e = \int_{\Omega^e} [\vec{\nabla} N]^{\mathrm{T}} \cdot k_{\mathrm{mix}} [\vec{\nabla} N] \mathrm{d}\Omega$,经过整体坐标变换与局部坐标变换后,

$$\begin{aligned} [K]^e &= \int_{\Omega^e} [\vec{\nabla} N]^{\mathrm{T}} \cdot k_{\mathrm{mix}} [\vec{\nabla} N] \mathrm{d}\Omega \\ &= \int_{-1}^{1}\int_{-1}^{1}\int_{-1}^{1} \begin{bmatrix} \dfrac{\partial N_1}{\partial \xi} & \dfrac{\partial N_1}{\partial \eta} & \dfrac{\partial N_1}{\partial \zeta} \\ \dfrac{\partial N_2}{\partial \xi} & \vdots & \vdots \\ \vdots & \vdots & \vdots \\ \dfrac{\partial N_8}{\partial \xi} & \dfrac{\partial N_8}{\partial \eta} & \dfrac{\partial N_8}{\partial \zeta} \end{bmatrix} [J^{-1}]^{\mathrm{T}} k [J^{-1}] \cdot \end{aligned}$$

$$\begin{bmatrix} \dfrac{\partial N_1}{\partial \xi} & \dfrac{\partial N_2}{\partial \xi} & \cdots & \dfrac{\partial N_8}{\partial \xi} \\[2mm] \dfrac{\partial N_1}{\partial \eta} & \dfrac{\partial N_2}{\partial \eta} & \cdots & \dfrac{\partial N_8}{\partial \eta} \\[2mm] \dfrac{\partial N_1}{\partial \zeta} & \dfrac{\partial N_2}{\partial \zeta} & \cdots & \dfrac{\partial N_8}{\partial \zeta} \end{bmatrix} \mid J \mid \mathrm{d}\xi \mathrm{d}\eta \mathrm{d}\zeta \tag{2.118}$$

$[K]^e$ 中的每一个元素,可由类似 $[C]^e$ 中的元素计算方法,用高斯积分法获得。

令 $[H]^e = \int_{\Gamma^e} [N]^{\mathrm{T}} H_{t1} [N] \mathrm{d}\Gamma$,则经过坐标变换后,

$$[H]^e = \int_{\Gamma^e} [N]^{\mathrm{T}} H_{t1} [N] \mathrm{d}\Gamma = \int_{-1}^{+1}\int_{-1}^{+1} H_{t1} \begin{bmatrix} N_1 N_1 & N_1 N_2 & \cdots\cdots & N_1 N_8 \\ N_2 N_1 & N_2 N_2 & \cdots\cdots & N_2 N_8 \\ \cdots\cdots & \cdots\cdots & \cdots\cdots & \cdots\cdots \\ N_e N_1 & N_e N_2 & \cdots\cdots & N_8 N_8 \end{bmatrix} \mathrm{d}\Gamma \tag{2.119}$$

当 $\zeta = \pm 1$, $\qquad\qquad \mathrm{d}\Gamma = \sqrt{E_\xi E_\eta - E_{\xi\eta}^2}\,\mathrm{d}\xi \mathrm{d}\eta \tag{2.120}$

当 $\eta = \pm 1$, $\qquad\qquad \mathrm{d}\Gamma = \sqrt{E_\xi E_\zeta - E_{\xi\zeta}^2}\,\mathrm{d}\xi \mathrm{d}\zeta \tag{2.121}$

而当 $\xi = \pm 1$, $\qquad\qquad \mathrm{d}\Gamma = \sqrt{E_\zeta E_\eta - E_{\xi\eta}^2}\,\mathrm{d}\zeta \mathrm{d}\eta \tag{2.122}$

其中,

$$E_\xi = \left(\frac{\partial x}{\partial \xi}\right)^2 + \left(\frac{\partial y}{\partial \xi}\right)^2 + \left(\frac{\partial z}{\partial \xi}\right)^2 = \left(\sum_1^8 \frac{\partial N_i}{\partial \xi} x_i\right)^2 + \left(\sum_1^8 \frac{\partial N_i}{\partial \xi} y_i\right)^2 + \left(\sum_1^8 \frac{\partial N_i}{\partial \xi} z_i\right)^2$$

$$E_\eta = \left(\frac{\partial x}{\partial \eta}\right)^2 + \left(\frac{\partial y}{\partial \eta}\right)^2 + \left(\frac{\partial z}{\partial \eta}\right)^2 = \left(\sum_1^8 \frac{\partial N_i}{\partial \eta} x_i\right)^2 + \left(\sum_1^8 \frac{\partial N_i}{\partial \eta} y_i\right)^2 + \left(\sum_1^8 \frac{\partial N_i}{\partial \eta} z_i\right)^2$$

$$E_\zeta = \left(\frac{\partial x}{\partial \zeta}\right)^2 + \left(\frac{\partial y}{\partial \zeta}\right)^2 + \left(\frac{\partial z}{\partial \zeta}\right)^2 = \left(\sum_1^8 \frac{\partial N_i}{\partial \zeta} x_i\right)^2 + \left(\sum_1^8 \frac{\partial N_i}{\partial \zeta} y_i\right)^2 + \left(\sum_1^8 \frac{\partial N_i}{\partial \zeta} z_i\right)^2$$

$$\tag{2.123}$$

$$E_{\xi\eta} = \frac{\partial x}{\partial \xi} \cdot \frac{\partial x}{\partial \eta} + \frac{\partial y}{\partial \xi} \cdot \frac{\partial y}{\partial \eta} + \frac{\partial z}{\partial \xi} \cdot \frac{\partial z}{\partial \eta}$$

$$E_{\xi\zeta} = \frac{\partial x}{\partial \xi} \cdot \frac{\partial x}{\partial \zeta} + \frac{\partial y}{\partial \xi} \cdot \frac{\partial y}{\partial \zeta} + \frac{\partial z}{\partial \xi} \cdot \frac{\partial z}{\partial \zeta}$$

$$E_{\eta\zeta} = \frac{\partial x}{\partial \eta} \cdot \frac{\partial x}{\partial \zeta} + \frac{\partial y}{\partial \eta} \cdot \frac{\partial y}{\partial \zeta} + \frac{\partial z}{\partial \eta} \cdot \frac{\partial z}{\partial \zeta}$$

同样积分可以用高斯积分处理。方程中各单元矩阵及向量算好后进行组装,对号累加后得整体热容和热传导矩阵,于是可以通过解方程获得变量 $\{T_{cl}\}$ 在 $n+1$ 时刻的值。

采用与方程(2.114)同样的处理方法,可以获得下面的离散形式的服装中水蒸气质量守恒方程(2.124)和液态水的质量平衡方程(2.125)。

$$
\left[\frac{1}{\Delta t} \sum_{ie=1}^{NE} \int_{\Omega^e} [N]^{\mathrm{T}} \varepsilon_a [N] \mathrm{d}\Omega + \sum_{ie=1}^{NE} \int_{\Omega^e} (\vec{\nabla}[N]^{\mathrm{T}}) \cdot \left(\frac{D_a \varepsilon_a}{\tau_a} \ \vec{\nabla}[N] \right) \mathrm{d}\Omega + \right.
$$

$$
\left. \sum_{ie=1}^{NBE2} \int_{\Gamma_2^e} [N]^{\mathrm{T}} \kappa_1 H_{m2} [N] \mathrm{d}\Gamma \right] \{C_a\}^{n+1}
$$

$$
= - \sum_{ie=1}^{NBE1} \int_{\Gamma_1^e} [N]^{\mathrm{T}} \left(\frac{E}{f h_{\mathrm{lg}}} \right) \mathrm{d}\Gamma + \sum_{ie=1}^{NE} \int_{\Omega^e} [N]^{\mathrm{T}} C_a [N] \mathrm{d}\Omega \left(\frac{\partial \{\varepsilon_l\}}{\partial t} \right)^n
$$

$$
- \sum_{ie=1}^{NE} \int_{\Omega^e} [N]^{\mathrm{T}} \varepsilon_f \Gamma_f(\xi_1) \mathrm{d}\Omega + \sum_{ie=1}^{NE} \int_{\Omega^e} [N]^{\mathrm{T}} \Gamma_{\mathrm{lg}} \mathrm{d}\Omega
$$

$$
+ \frac{1}{\Delta t} \sum_{ie=1}^{NE} \int_{\Omega^e} [N]^{\mathrm{T}} \varepsilon_a [N] \mathrm{d}\Omega \{C_a\}^n + \sum_{ie=1}^{NBE2} \int_{\Gamma_2^e} [N]^{\mathrm{T}} \kappa_1 H_{m2} C_{\mathrm{env}} \mathrm{d}\Gamma \qquad (2.124)
$$

$$
\left[\frac{1}{\Delta t} \sum_{ie=1}^{NE} \int_{\Omega^e} [N]^{\mathrm{T}} \rho_l [N] \mathrm{d}\Omega + \sum_{ie=1}^{NE} \int_{\Omega^e} (\vec{\nabla}[N]^{\mathrm{T}}) \cdot \left(\frac{D_l \rho_l}{\tau_l} \ \vec{\nabla}[N] \right) \mathrm{d}\Omega \right.
$$

$$
\left. - \sum_{ie=1}^{NE} \int_{\Gamma^e} [N]^{\mathrm{T}} a \frac{\partial [N]}{\partial z} \mathrm{d}\Gamma \right] \{\varepsilon_l\}^{n+1}
$$

$$
= - \sum_{ie=1}^{NBE1} \int_{\Gamma_1^e} [N]^{\mathrm{T}} \kappa_2 h_{\mathrm{lg}} [C^*(T) - C_{\mathrm{env}}] \mathrm{d}\Gamma - \sum_{ie=1}^{NBE2} \int_{\Gamma_2^e} [N]^{\mathrm{T}} \kappa_2 h_{\mathrm{lg}} [C^*(T) - C_{\mathrm{env}}] \mathrm{d}\Gamma
$$

$$
- \sum_{ie=1}^{NE} \int_{\Omega^e} [N]^{\mathrm{T}} \varepsilon_f \Gamma_f(\xi_2) \mathrm{d}\Omega - \sum_{ie=1}^{NE} \int_{\Omega^e} [N]^{\mathrm{T}} \Gamma_{\mathrm{lg}} \mathrm{d}V
$$

$$
+ \frac{1}{\Delta t} \sum_{ie=1}^{NE} \int_{\Omega^e} [N]^{\mathrm{T}} \rho_l [N] \mathrm{d}\Omega \{\varepsilon_l\}^n \qquad (2.125)
$$

随后与温度离散方程类似的处理,进行高斯积分,求得单元矩阵、向量,对号累加组装获得整体矩阵和向量,进而由 n 时刻变量值获得 $n+1$ 时刻的值。

2.3.3　模型验证和预测

为了验证算法的可行性及程序的正确性,如图 2.15 所示,选择厚度(y 方向)为 4 mm 的羊毛多孔纤维材料试样进行模拟,计算参数见表 2.2。除了沿厚度方向有热湿交换外,其他边界面设为绝热绝湿,将试样置于环境温度 20℃、65%相对湿度环境平衡,初始时刻($t=0$ s)有一个液滴(1 mm×1 mm×1 mm)位于多孔纤维材料左侧,在毛细压力作用下液滴会向周围渗透,同时液体也蒸发,会导致周围水蒸气浓度升高,由于羊毛纤维吸湿性较强,在水蒸气浓度升高,相对湿度也升高过程中,纤维吸湿导致潜热释放,多孔纤维材料温度也会升高。这些变化过程可以从图2.16~图2.18中看出来。

图 2.15　模型初始边界条件

表 2.2　计算参数

参　　数	符　号	单　位	取值及参考文献
纤维密度	ρ_f	kg/m³	1 320 [4]
多孔纤维材料的体积热容	C_{vf}	kJ/(m³·K)	$\left(\dfrac{0.32 + w_c}{1 + w_c}\right) \times 4.184 \times 10^3 \times \rho_f$
多孔纤维材料的热传导率	k_{fab}	W/(m²·K)	$(38.493 - 0.72w_c + 0.113w_c^2 - 0.002w_c^3) \times 10^{-3}$
纤维对液态水的吸附热	λ_l	kJ/kg	2 260 [4]
纤维水蒸气的吸附热	λ_v	kJ/kg	$1\,602.5\exp(-11.72w_c) + 2\,522.0$
对流传质系数	H_m	m/s	0.013 7
质量传输系数	h_{lg}	m/s	0.013 7
综合热传输系数	H_t	W/(m²·K)	36.54
水蒸气在纤维中的扩散系数	$D_f(w_c, t)$	m²/s	6.0E−13
液态水的动力黏度 r	η	kg/(m·s)	1.0×10^{-3}
接触角	ϕ	°	85
纤维的等效毛细半径	d_c	m	6.0E−4
表面张力	σ	mN/m	31
平均毛细管角度	β	°	20
分子扩散系数	D_a	m²/s	2.5E−5
口罩比面积	S_v	1/m	10 000

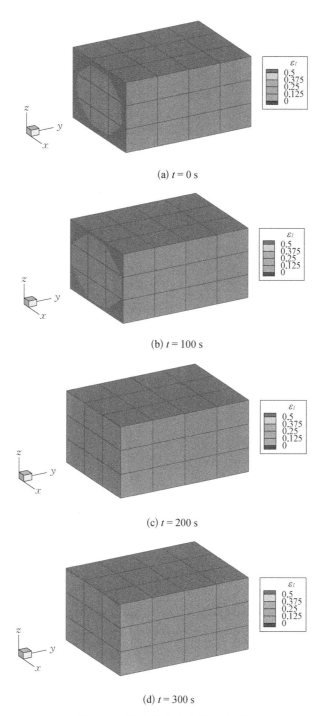

(a) $t = 0$ s

(b) $t = 100$ s

(c) $t = 200$ s

(d) $t = 300$ s

图 2.16 液态水体积分数分布图

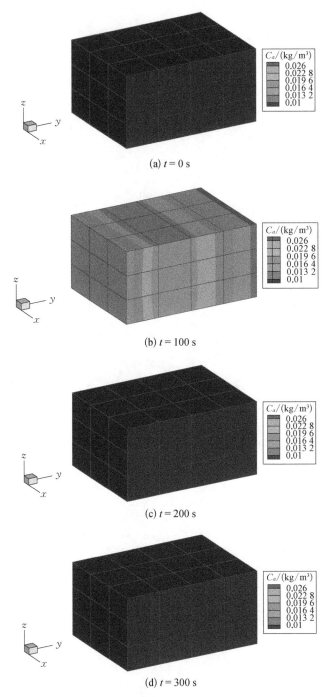

(a) $t = 0$ s

(b) $t = 100$ s

(c) $t = 200$ s

(d) $t = 300$ s

图 2.17　水蒸气浓度分布图

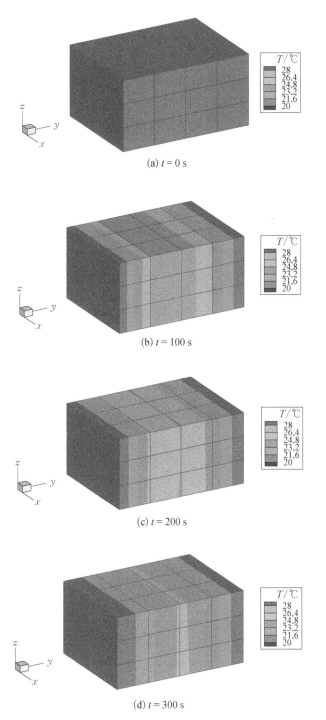

(a) $t = 0$ s

(b) $t = 100$ s

(c) $t = 200$ s

(d) $t = 300$ s

图 2.18　温度分布图

图 2.16 给出了液态水的体积分数空间分布随时间变化,可以看出随着时间的增加,液态水向四周扩散,同时由于重力作用,下方的液态水体积分数要高于上方。

图 2.17 给出了多孔纤维材料内的水蒸气浓度分布随时间变化,可以看出在 100 s 内,多孔纤维材料内水蒸气浓度是变化的,这是由于液态水的蒸发。多孔纤维材料内部水蒸气浓度高,而厚度方向边界附近的水蒸气浓度由于与环境的湿交换要比内部低得多。而到了 200 s 以后多孔纤维材料内水蒸气浓度与环境基本达到了平衡。

图 2.18 给出了多孔纤维材料试样的温度分布,由于水蒸气浓度的增加,纤维吸湿导致潜热释放,多孔纤维材料温度增加,尤其是多孔纤维材料内部。100 s 时多孔纤维材料内部最高温度 28℃,随着时间的推移,200 s、300 s 时多孔纤维材料高温区减小,这主要是厚度方向的边界与环境进行热交换的结果。

应当指出本节算例只是说明各变量在多孔纤维材料中的变化趋势,考核核算法程序的正确性,更精确的结果需要细分有限元网格达到。

2.4　本　章　小　结

本章介绍了多孔纤维材料建模的表征体积元(REV)方法,并采用该方法针对普通 1 - D 多孔纤维材料进行了建模。接着介绍了多孔纤维材料热湿传递方程的离散求解方法:控制体-时域有限差分法和控制体-时域递归展开算法。这两种方法针对简单的 1 - D 多孔纤维材料空间域都采用控制体积法进行离散,在时间域的处理上,前者采用差商代替微商,采用了隐式格式,程序处理简单,但由于方程的非线性,要获得满意精度的解需要较小的时间步长;后者通过推导方程递归形式,给出了显式方程,时间步长可根据设定的计算精度通过程序人为控制,但程序实现略显复杂。最后,介绍了三维多孔纤维材料热湿耦合模型及模型方程求解的有限元法,并给出相应的分析算例。有限元在处理复杂计算域问题有很大优势,尤其是处理多层服装上,可直接把空气层划为单元,实现层与层之间的耦合。

参 考 文 献

[1]　李凤志,李毅,曹业玲.求解多孔纤维材料热湿耦合方程的控制体积-时域递归展开算法. 南京航空航天大学学报,2009,41(3):319 - 323.

[2]　Li Y, Luo Z X. An improved mathematical simulation of the coupled diffusion of moistures and heat in wool fabric. Textile Research Journal, 1999, 69(10):760 - 768.

[3]　Li Y, Luo Z X. Physical mechanisms of moisture transfer in hygroscopic fabrics under humidity transients. Journal of the Textile Institute, 2000, 91(2):302 - 323.

[4]　Li Y, Zhu Q Y. A model of coupled liquid moisture and heat transfer in porous textiles with consideration of gravity. Numerical Heat Transfer, Part A, 2003, 43(5):501 - 523.

[5]　Li F Z, Li Y, Wang Y. A 3D finite element thermal model for clothed human body. Journal of Fiber Bioengineering and Informatics, 2013, 6(2): 149－160.

[6]　Li F Z, Wang Y, Li Y. A transient 3－D thermal model for clothed human body considering more real geometry. Journal of Computers, 2013, 8(3): 676－684.

[7]　Li Y, Holcombe B V. A two－stage sorption model of the coupled diffusion and heat in wool fabrics. Textile Research Journal, 1992, 62(4): 211－217.

第3章 多孔纤维材料多物理场耦合模型及其在 SARS 病毒防护中的应用

第 2 章讨论了水蒸气及能量在多孔纤维材料中的传递,这针对一般织物(服装)在普通的穿着状态下是适用的,对于复杂场合应用的织物(如口罩),除了要考虑水蒸气的扩散传递、液态水的传递和热量传递,还需要考虑呼吸作用对织物内的热质对流传递,还应考虑口罩里面的病毒累积过程。这些现象是耦合的,本章的模型是针对 SARS 病毒爆发期间,多孔纤维材料(口罩)的病毒防护机制的研究。

SARS 病毒的爆发引发了对前线医护人员及普通人保护的讨论。戴口罩是切断 SARS 病毒传播路径的一个有效方法。但并不是所有类型的口罩都能有效的过滤病毒。SARS 病毒爆发期间,不少戴着从商店买来的普通口罩的前线护士被传染。那么,为什么普通口罩不能有效地过滤病毒? 什么样的口罩才好用? 这些问题的提出,是因为对像 SARS 病毒这样通过飞沫传播的病毒在口罩中的传递机制认识不足。只有深入研究这类传播形式的病毒在口罩中的传递过程才能对高效的防病毒口罩设计及使用进行指导。基于此,本章介绍以飞沫形式传播的病毒在多孔纤维材料内的传递机制模型。考察了不同结构的口罩对病毒传递的影响[1-2]。

3.1 口罩过滤性能研究概况

作为实验研究,1994 年,Chen 等[3] 报道了一项使用口罩保护医护人员免受大肠杆菌侵袭的过滤效率实验。他们发现外科口罩和高效的尘埃过滤器平均过滤范围在 97%到 99.9%。1996 年,Willeke 等[4] 研究了不同的细菌形状、空气动力学尺度和通过外科口罩及尘埃呼吸器的流率的渗透性能。研究者发现球形玉米油和球形细菌在 $0.9 \sim 1.7~\mu m$ 范围内具有相同的渗透,棒状的病毒渗透性差,渗透效率依赖于纵横比。1998 年,Qian 等[5] 深入研究了 N95 呼吸器的对于空气传播的病菌及无活性粒子的渗透效率。使用 NaCl 浮质证明了 N95 呼吸器的过滤效率高于 DM、DFM 及没有鉴定过的外科口罩。他们指出:当面布密封性较好时,N95 呼吸器对于空气传播的颗粒具有很好的过滤作用。文献[6]引用劳工卫生安全研究所对不同范围的干燥粒子的过滤效果说明不同口罩的过滤效果(图 3.1)。指出 N95 口罩具有很好的过滤效果。

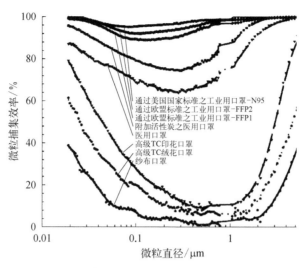

图 3.1　各种常见口罩的过滤性能曲线图

从图 3.1 中可以看出,微粒直径在 0.1~1 μm 之间各种口罩的过滤效果最差。但是我们可以看出无论什么直径的颗粒,N95 口罩的过滤效果都可以达到 95% 以上。这些发现提供了很好的科学见证以及根据口罩的过滤效率使用口罩的指导方针。然而,其能提供足够的防 SARS 病毒的保护功能令人生疑。如图 3.2 所示[15],SARS 病毒的直径是 80~140 nm,厚度(类似皇冠周缘的突触高度)是 20~40 nm。其最大的传递特点是以飞沫(液态水+SARS 病毒)的形式传播。

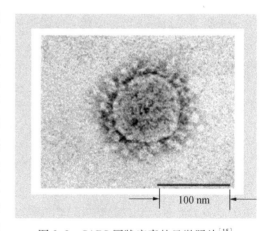

图 3.2　SARS 冠状病毒的显微照片[15]

当被病毒污染的飞沫到达口罩表面时,如果表面不是强疏水性,它们可以粘在口罩表面,如果表面是吸水性表面,则被口罩吸入。SARS 病毒是伴随着液态水一起传播的。对于亲水性材料,病毒随着液态水在毛细压力作用下,由水浓度高的地方向水浓度低的地方扩散,同时自身也在水中存在布朗扩散现象。特别是人体呼吸的蒸汽浓度比较高,到外面由于环境温度低,使其凝结在口罩中,当水凝结足够量时,在毛细压力作用下将产生流动。这恰恰为 SARS 病毒的传递提供了便利。呼吸作用将加速或减少液态水的流动。重复的呼吸过程使口罩成了病毒的收集器,特别是当口罩外表面有含病毒的飞沫时。这个过程是经典的多孔材料(如非机织物)中的热、质传递的耦合过程。对这个过程进行研究,有利于搞清楚病毒在口罩中传递的影响因素,指导口罩的设计与使用。同时,也可以为相关领域的同类现象提供借鉴。

3.2　多孔纤维材料中的 SARS 病毒传递的多物理场耦合模型

3.2.1　传递机制

如前所述,对于多孔纤维材料,其内部的传热、传质过程有很多前期工作。Li和 Zhu[7]曾报道过一个模型,考虑了液态水蒸发/水蒸气凝结以及液态水在毛细作用下扩散。扩散系数是纤维表面能、接触角以及织物内孔隙尺寸分布的函数。Li等[8]建立了一个考虑压力影响的织物传热、传质模型。基于上述模型,本章建立了SARS 病毒在口罩中传播的传热、传质全耦合模型。模型主要考虑被 SARS 病毒污染的液滴随液态水的传递以及其他传质现象的相互耦合过程。模型的物理机制如图 3.3 所示。从图中可以看出:口罩中的含有病毒的水滴在表面张力和呼吸作用下被推进。水的蒸发凝结、吸附解吸、病毒的沉积与释放以及病毒在水中的布朗扩散现象同时发生。

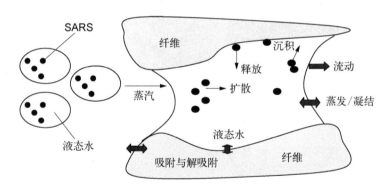

图 3.3　口罩中的 SARS 病毒传递的物理机制模型

3.2.2　多物理场耦合模型

为建立数学模型,做如下假设:由于纤维、病毒粒子以及孔隙尺寸小,所以可以假设局部热力学平衡存在于所有相中,因此所有相在同一空间位置具有相同的温度;纤维吸湿引起的涨缩效应忽略不计;口罩中液滴(飞沫)传递的驱动力是毛细压力,液滴中的病毒随着液体移动并在浓度梯度作用下在液滴中扩散;SARS 病毒具有均一尺寸的球形;孔隙中的物质有两种存在状态,悬浮态(包括水蒸气、干空气)和沉积态(包括凝结在纤维表面的液态水、被俘获的病毒和水中的病毒)。悬浮态物质满足分压定律,气体假设为理想气体,满足理想气体状态方程。

令 x 表示坐标,$x=0$ 和 $x=L$ 分别表示口罩的内外表面位置;t 表示时间。根据质量守恒和能量守恒定律,我们可以列出下列平衡方程:

蒸气质量守恒方程为

$$\frac{\partial(\varepsilon_s C_a)}{\partial t} = \frac{\partial}{\partial x}\left(D_M \varepsilon_s \frac{\partial C_a}{\partial x}\right) - \frac{\partial(\varepsilon_s V_s C_a)}{\partial x} - \omega_1 \varepsilon_f \frac{\partial C_f}{\partial t} + Q_1 \qquad (3.1)$$

整个气体质量守恒方程为

$$\frac{\partial(\varepsilon_s C_s)}{\partial t} = -\frac{\partial(\varepsilon_s V_s C_s)}{\partial x} - \omega_1 \varepsilon_f \frac{\partial C_f}{\partial t} + Q_1 \qquad (3.2)$$

液态水质量守恒方程为

$$\frac{\partial(\varepsilon_l \rho_l)}{\partial t} = -\frac{\partial(\varepsilon_l V_l \rho_l)}{\partial x} - \omega_2 \varepsilon_f \frac{\partial C_f}{\partial t} - Q_1 \qquad (3.3)$$

水中病毒质量守恒方程为

$$\frac{\partial(\varepsilon_l C_v)}{\partial t} = \frac{\partial}{\partial x}\left(D_B \varepsilon_l \frac{\partial C_v}{\partial x}\right) - \frac{\partial(\varepsilon_l V_l C_v)}{\partial x} - \frac{\partial(\rho_v \varepsilon_v)}{\partial t} \qquad (3.4)$$

能量守恒方程为

$$(c_v)_m \frac{\partial T}{\partial t} - \lambda_v \varepsilon_f \omega_1 \frac{\partial C_f}{\partial t} - \lambda_l \varepsilon_f \omega_2 \frac{\partial C_f}{\partial t} + \lambda Q_1$$

$$+\left[(C_a c_{p,a} + C_d c_{p,d})\varepsilon_s V_s + \rho_l c_l \varepsilon_l V_l\right]\frac{\partial T}{\partial x} = \frac{\partial}{\partial x}\left(k_{mix}\frac{\partial T}{\partial x}\right) \qquad (3.5)$$

病毒的沉积释放率方程为

$$\frac{\partial(\rho_v \varepsilon_v)}{\partial t} = K_1 \varepsilon_l C_v - K_2 \rho_v \varepsilon_v \qquad (3.6)$$

ε_s 表示悬气体占单位微元体的体积分数,即 $\varepsilon_s = 1 - \varepsilon_f - \varepsilon_l - \varepsilon_v$,其中,$\varepsilon_f$ 是口罩中纤维体积分数,ε_l 是微元中沉积在纤维表面的液态水的体积,ε_v 是微元中沉积在纤维表面的病毒的体积。C_a、C_v 分别表示气体中的水蒸气浓度和液态水中病毒的浓度(单位为 kg/m^3)。C_s 是整个气体浓度。V_s、V_l 分别表示为孔中气体和液体的本征速度,ρ_l 是液态水的密度,D_M 水蒸气在空气中的分子扩散系数,$D_B = \dfrac{k_B T}{6\pi\mu_l r_v \tau}$

是病毒在水中的布朗扩散系数,它是温度 T、病毒半径 r_v 以及液态水的动力黏度 μ_l 的函数。τ 是描述液态水的弯曲扩散和不连续性引起的扩散修正因子。k_B 是 Boltzmann 常数。ω_1 是水蒸气被纤维吸附的比例,ω_2 液态水被纤维吸附的比例,$\omega_2 = 1 - \omega_1$,Q_1 液态水的蒸发率,$Q_1 = \varepsilon_s h_{lg} S_v [C_{gv}^*(T) - C_{gv}]$,$h_{lg}$ 为液气转换系数,S_v 为比面积,$C_{gv}^*(T)$ 为饱和水蒸气浓度,它是温度 T 的函数。C_f 为纤维中的水蒸气浓度。λ_v、λ_l、λ 分别为水蒸气、液态水的吸附潜热系数以及水的蒸发潜热系数。$(c_v)_m$ 为等效体积热容,k_{mix} 织物等效热传导率。本书中,弥散现象处理为附加在停滞相上的附加扩散项,Amiri 和 Vafai[9] 提出的经验方程被采用:

$$k_{mix} = \sum_{i=a, d, l, f} \varepsilon_i k_i + 0.5 \sum_{j=s, l} [PrRe]_j k_j \qquad (3.7)$$

方程(3.1)中,左端第一项表示微元中水蒸气质量变化率,右端第一项表示水蒸气扩散引起的质量变化率,第二项代表悬浮物整体流动引起的水蒸气质量变化率,第三项表示水蒸气被纤维的吸附率,第四项表示纤维表面液态水的蒸发率。方程 (3.2)~(3.4) 的意义类似于方程 (3.1)。方程 (3.5) 表示能量平衡,左端第一项表示能量的变化率,第二项和第三项分别表示水蒸气和液态水被纤维吸附产生的潜热,第四项表示液态水的蒸发潜热,第五项表示对流热传递;右端表示传导热损失。当病毒稳定时,换句话说,当病毒不在表面沉积,它们将随着水一起迁移。然而,它们是不稳定的,会沉积后贴在纤维表面。沉积和释放两类现象会同时发生。一阶率方程 (3.6) 说明了病毒得沉积、释放机制。沉积率系数 K_1 可以使用收集方法计算。Gruesbeck 和 Collins[10] 对于球型收集体提出了一个两参数表达式。这里我们考虑纤维状收集器给出如下形式:

$$K_1 = (c_e S_v E + b \varepsilon_v) V_l \qquad (3.8)$$

其中,c_e 为收集器得等效面积因子;S_v 为织物的比面积;E 为保持率,b 为实验参数。

第二项给出了由于多孔桥的形成导致的附加病毒捕获率,它随着病毒的沉积量增加而增加。释放率系数 K_2 是液态水的流速的函数:

$$K_2 = \begin{cases} c_r(V_l - V_c)\varepsilon_l, & V_l > V_c \\ 0, & V_l \leqslant V_c \end{cases} \qquad (3.9)$$

其中,c_r 是病毒的释放系数;V_c 是液态水导致病毒释放的极限速度。

液态水在纤维之间的孔隙内的蒸发率可以表达成如下形式:

$$Q_1 = \varepsilon_s h_{lg} S_v [C_a^*(T) - C_a] \qquad (3.10)$$

其中,S_v 为织物的比面积;$C_a^*(T)$ 为饱和蒸汽浓度,是温度 T 的函数。

纤维对湿的吸附与解吸遵循 Fickian 定律:

$$\frac{\partial C_f'(x,\ r,\ t)}{\partial t} = \frac{1}{r}\frac{\partial}{\partial r}\left[rD_f(x,\ t)\frac{\partial C_f'(x,\ r,\ t)}{\partial r}\right] \qquad (3.11)$$

其中，$D_f(x,\ t)$ 是纤维中的水蒸气的扩散系数；r 是纤维的径向坐标。每一个纤维表面的边界条件决定于纤维表面空气的相对湿度。

方程中速度和压力的关系，我们利用 Darcy 定律：

$$\varepsilon_s V_s = -\frac{KK_{rs}}{\mu_s}\frac{\partial p_s}{\partial x} \qquad (3.12)$$

$$\varepsilon_l V_l = -\frac{KK_{rl}}{\mu_l}\left(\frac{\partial p_s}{\partial x} - \frac{\partial p_c}{\partial x}\right) \qquad (3.13)$$

其中，p_s 是气压；p_c 是毛细压力；μ_s、μ_l 是气体和液态水的动力黏度。拓展文献[7] 的结果，有

$$K = \frac{3\varepsilon(\sin^2\beta)d_c^2}{80} \qquad (3.14)$$

其中，K 是本质渗透率；β 是毛细管的平均倾角；d_c 是等效毛细半径；ε 是织物的孔隙率。液态水的相对渗透率：

$$K_{rl} = (\varepsilon_l/\varepsilon)^3 \qquad (3.15)$$

空气的相对渗透率：

$$K_{rs} = 1 - K_{rl} \qquad (3.16)$$

毛细压力 p_c 和液态水的体积分数 ε_l 之间的关系：

$$\frac{\partial p_c}{\partial x} = -\frac{2\sigma(\cos\phi)\varepsilon}{\varepsilon_l^2 d_c}\frac{\partial \varepsilon_l}{\partial x} \qquad (3.17)$$

其中，σ 是表面张力；ϕ 是接触角。

根据理想气体假设，我们有

$$C_s = \frac{M_s p_s}{RT} \qquad (3.18)$$

则：

$$\frac{\partial(\varepsilon_s C_s)}{\partial t} = \frac{M_s \varepsilon_s}{RT}\frac{\partial p_s}{\partial t} - p_s\frac{\varepsilon_s M_s}{RT^2}\frac{\partial T}{\partial t} - \frac{M_s p_s}{RT}\frac{\partial \varepsilon_l}{\partial t} - \frac{M_s p_s}{RT}\frac{\partial \varepsilon_v}{\partial t} \qquad (3.19)$$

将方程 (3.8)~(3.19) 代入方程 (3.1)~(3.6),得

$$\varepsilon_s \frac{\partial C_a}{\partial t} - C_a \frac{\partial \varepsilon_l}{\partial t} = \frac{\partial}{\partial x}\left(D \frac{\partial C_a}{\partial x}\right) + \frac{\partial}{\partial x}\left(G \frac{\partial p_s}{\partial x}\right) - C + Q_1 + C_a \frac{\partial \varepsilon_v}{\partial t}$$

$$(3.20)$$

$$A_3 \frac{\partial p_s}{\partial t} + A_4 \frac{\partial T}{\partial t} + A_5 \frac{\partial \varepsilon_l}{\partial t} = \frac{\partial}{\partial x}\left(GS \frac{\partial p_s}{\partial x}\right) - C + Q_1 - A_5 \frac{\partial \varepsilon_v}{\partial t} \quad (3.21)$$

$$\rho_l \frac{\partial \varepsilon_l}{\partial t} = \frac{\partial}{\partial x}\left(GL \frac{\partial p_s}{\partial x}\right) + \frac{\partial}{\partial x}\left(DL \frac{\partial \varepsilon_l}{\partial x}\right) - C_1 - Q_1 \quad (3.22)$$

$$\varepsilon_l \frac{\partial C_v}{\partial t} + C_v \frac{\partial \varepsilon_l}{\partial t} = \frac{\partial}{\partial x}\left(DV \frac{\partial C_v}{\partial x}\right) + \frac{\partial}{\partial x}\left(GV \frac{\partial p_s}{\partial x}\right)$$

$$+ \frac{\partial}{\partial x}\left(DLV \frac{\partial \varepsilon_l}{\partial x}\right) - \frac{\partial(\rho_v \varepsilon_v)}{\partial t} \quad (3.23)$$

$$(c_v)_m \frac{\partial T}{\partial t} - \lambda_v C - \lambda_l C_1 + \lambda Q_1 + \left[(C_a c_{p,a} + C_d c_{p,d})\varepsilon_s V_s + \rho_l c_l \varepsilon_l V_l\right]\frac{\partial T}{\partial x}$$

$$= \frac{\partial}{\partial x}\left(k_{mix} \frac{\partial T}{\partial x}\right) \quad (3.24)$$

$$\frac{\partial \varepsilon_v}{\partial t} = \frac{1}{\rho_v}K_1 \varepsilon_l C_v - K_2 \varepsilon_v \quad (3.25)$$

其中,$\varepsilon_s = 1 - \varepsilon_f - \varepsilon_l - \varepsilon_v$,$D = D_M \varepsilon_s$,$\varepsilon = \varepsilon_0 - \varepsilon_v$,$G = C_a \dfrac{3\varepsilon(\sin^2\beta)d_c^2}{80\mu_s}\left[1 - \left(\dfrac{\varepsilon_l}{\varepsilon}\right)^3\right]$,

$C = \omega_1(1 - \varepsilon)\dfrac{\partial C_f}{\partial t}$,$A_3 = \dfrac{M_s(1 - \varepsilon_f - \varepsilon_l - \varepsilon_v)}{RT}$,$A_4 = -p_s \dfrac{(1 - \varepsilon_f - \varepsilon_l - \varepsilon_v)M_s}{RT^2}$,

$GS = \dfrac{M_s p_s}{RT}\dfrac{3\varepsilon(\sin^2\beta)d_c^2}{80\mu_s}\left[1 - \left(\dfrac{\varepsilon_l}{\varepsilon}\right)^3\right]$,$A_5 = -\dfrac{M_s p_s}{RT}$,$GL = \rho_l \dfrac{3\varepsilon(\sin^2\beta)d_c^2}{80\mu_l}\left(\dfrac{\varepsilon_l}{\varepsilon}\right)^3$,

$DL = \rho_l \dfrac{3(\sin^2\beta)d_c\sigma(\cos\phi)\varepsilon_l}{40\varepsilon\mu_l}$,$C_1 = \omega_2(1 - \varepsilon)\dfrac{\partial C_f}{\partial t}$,$DV = D_B \varepsilon_l$,

$GV = C_v \dfrac{3(\sin^2\beta)d_c^2}{80\varepsilon^2\mu_l}\varepsilon_l^3$,$DLV = C_v \dfrac{3(\sin^2\beta)d_c\sigma(\cos\phi)\varepsilon_l}{40\varepsilon\mu_l}$

为了获得问题得解,我们必须列出方程的关于湿度、温度、液态水含量、液态水中病毒浓度、气压的初始及口罩的表面边界条件,图 3.4 给出了初始边界条件示意图,初始时刻假设口罩处于一定温度、湿度的大气环境并与之平衡,我们假设口罩各个部分具有均一的值:

$$T(x, 0) = T_0$$
$$C_v(x, 0) = C_{v0}$$
$$\varepsilon_l(x, 0) = \varepsilon_{l0}$$
$$p_s(x, 0) = p_{s0}$$
$$C_f(x, 0) = f(\mathrm{RH}_0, T_0)$$
$$C_a(x, 0) = C_{a0} \tag{3.26}$$

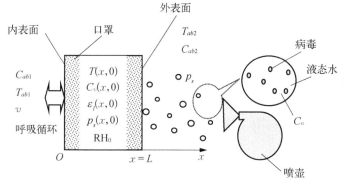

图 3.4　口罩初始边界条件示意图

口罩的两个边界暴露在不同的环境中,为了模拟呼吸过程,在 $x=0$,有

$$\left(D \frac{\partial C_a}{\partial x} + G \frac{\partial p_s}{\partial x} \right) \bigg|_{x=0} = -\varepsilon_s \kappa C_{ab1} v$$

$$\left(GS \frac{\partial p_s}{\partial x} \right) \bigg|_{x=0} = -\varepsilon_s \kappa C_{sb1} v$$

$$\left(GL \frac{\partial p_s}{\partial x} + DL \frac{\partial \varepsilon_l}{\partial x} \right) \bigg|_{x=0} = h_{lg}\varepsilon_l [C_a^*(T) - C_{ab1}]$$

$$\left(DV \frac{\partial C_v}{\partial x} + GV \frac{\partial p_s}{\partial x} + DLV \frac{\partial \varepsilon_l}{\partial x} \right) \bigg|_{x=0} = 0$$

$$k_{\mathrm{mix}} \frac{\partial T}{\partial x} \bigg|_{x=0} = h_{t1}(T - T_{ab1}) + \lambda h_{lg}\varepsilon_l [C_a^*(T) - C_{ab1}] \tag{3.27}$$

其中,v 为呼吸速度,$v = v_0 \sin\left(\frac{\pi}{2}t\right)$;$v_0$ 为速度峰值;κ 为鼻孔与口罩的有效通气面

积比。C_{ab1}、C_{sb1} 表示水蒸气和整个气体的浓度,当人呼气时,C_{ab1}、C_{sb1} 取环境处值,否则取边界 $x=0$ 位置的值。h_{t1} 是综合热交换系数,它是辐射和对流热交换系数之和,是气流速度的函数。在 $x=L$(口罩外表面),考虑边界空气层的对流特征,采用如下边界条件:

$$\left(D\,\frac{\partial C_a}{\partial x} + G\,\frac{\partial p_s}{\partial x} \right)\bigg|_{x=L} = -h_c \varepsilon_s (C_a - C_{ab2})$$

$$k_{\mathrm{mix}}\frac{\partial T}{\partial x}\bigg|_{x=L} = -h_{t2}(T - T_{ab2}) - \lambda h_{\mathrm{lg}}\varepsilon_l \left[C_a^*(T) - C_{ab2} \right]$$

$$\left[GL\,\frac{\partial p_s}{\partial x} + (DL)\,\frac{\partial \varepsilon_l}{\partial x} \right]\bigg|_{x=L} = -h_{\mathrm{lg}}\varepsilon_l \left[C_a^*(T) - C_{ab2} \right]$$

$$p_s(L,t) = p_{sb2}$$

$$\left(DV\,\frac{\partial C_v}{\partial x} + GV\,\frac{\partial p_s}{\partial x} + DLV\,\frac{\partial \varepsilon_l}{\partial x} \right)\bigg|_{x=L} = 0 \tag{3.28}$$

其中,h_c 为对流传质系数,h_t 为混合热传输系数。

3.3　方程的离散方法

为了应用有限体积法[11]对方程 (3.20)~(3.28)求解,选择如下的控制体积网格,如图 3.5 所示。

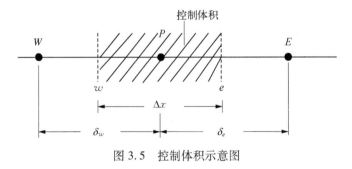

图 3.5　控制体积示意图

以方程(3.20)为例,对该方程在控制体积 P 上积分:

$$\int_{\Omega_P} \left(\varepsilon_s\,\frac{\partial C_a}{\partial t} - C_a\,\frac{\partial \varepsilon_l}{\partial t} - C_a\,\frac{\partial \varepsilon_v}{\partial t} + C - Q_1 \right) \mathrm{d}x$$

$$= \int_{\Omega_P} \left[\frac{\partial}{\partial x}\left(D\,\frac{\partial C_a}{\partial x} \right) + \frac{\partial}{\partial x}\left(G\,\frac{\partial p_s}{\partial x} \right) \right] \mathrm{d}x \tag{3.29}$$

我们有

$$
\frac{(\varepsilon_s)_P^n \big[(C_a)_P^{n+1} - (C_a)_P^n \big]}{\Delta t} \Delta x - \frac{(C_a)_P^n \big[(\varepsilon_l)_P^{n+1} - (\varepsilon_l)_P^n \big]}{\Delta t} \Delta x
$$

$$
+ C_P^n \Delta x - Q_{1P}^n \Delta x - \left(C_a \frac{\partial \varepsilon_v}{\partial t} \right)_P^n \Delta x
$$

$$
= \left(D \frac{\partial C_a}{\partial x} \right)_e - \left(D \frac{\partial C_a}{\partial x} \right)_w + \left(G \frac{\partial p_s}{\partial x} \right)_e - \left(G \frac{\partial p_s}{\partial x} \right)_w \tag{3.30}
$$

方程(3.30)的右端项可以写成如下形式：

$$
\left(D \frac{\partial C_a}{\partial x} \right)_e - \left(D \frac{\partial C_a}{\partial x} \right)_w + \left(G \frac{\partial p_s}{\partial x} \right)_e - \left(G \frac{\partial p_s}{\partial x} \right)_w
$$

$$
= D_e^n \frac{(C_a)_E^{n+1} - (C_a)_P^{n+1}}{\delta_e} - D_w^n \frac{(C_a)_P^{n+1} - (C_a)_W^{n+1}}{\delta_w}
$$

$$
+ G_e^n \frac{(p_s)_E^{n+1} - (p_s)_P^{n+1}}{\delta_e} - G_w^n \frac{(p_s)_P^{n+1} - (p_s)_W^{n+1}}{\delta_w} \tag{3.31}
$$

方程 (3.31) 代入 (3.30) 化简得

$$
K_1 (C_a)_W^{n+1} + K_2 (p_s)_W^{n+1} + K_3 (C_a)_P^{n+1} + K_4 (p_s)_P^{n+1}
$$

$$
+ K_5 (C_a)_E^{n+1} + K_6 (p_s)_E^{n+1} + K_7 (\varepsilon_l)_P^{n+1} = R_1 \tag{3.32}
$$

令 $\mu_w = \dfrac{\Delta t}{\Delta x \delta_w}$，$\mu_e = \dfrac{\Delta t}{\Delta x \delta_e}$，

则 $K_1 = \mu_w D_w^n$，$K_2 = \mu_w G_w^n$，$K_3 = - \big[\mu_w D_w^n + \mu_e D_e^n + (\varepsilon_s)_P^n \big]$，

$$
K_4 = - (\mu_w G_w^n + \mu_e G_e^n), \quad K_5 = \mu_e D_e^n, \quad K_6 = \mu_e G_e^n, \quad K_7 = (C_a)_P^n
$$

$$
R_1 = - (\varepsilon_s C_a)_P^n + (\varepsilon_l C_a)_P^n + C_P^n \Delta t - Q_{1P}^n \Delta t - \left[C_a \frac{\partial (\varepsilon_v)}{\partial t} \right]_P^n \Delta t
$$

在外表面 $x = L$，

$$
\left[D_{N-1/2}^n \frac{(C_a)_N^{n+1} - (C_a)_{N-1}^{n+1}}{\delta_{Nw}} \right] + \left[G_{N-1/2}^n \frac{(p_s)_N^{n+1} - (p_s)_{N-1}^{n+1}}{\delta_{Nw}} \right]
$$

$$
= - h_c (\varepsilon_s)_N^n (C_{aN}^{n+1} - C_{ab2}) \tag{3.33}
$$

在内表面 $x = 0$，

$$\left[D^n_{1+1/2}\frac{(C_a)^{n+1}_2-(C_a)^{n+1}_1}{\delta_{1e}}\right]+\left[G^n_{1+1/2}\frac{(p_s)^{n+1}_2-(p_s)^{n+1}_1}{\delta_{1e}}\right]=-(\varepsilon_s)^n_N\kappa(C_{ab}v)$$

$$(3.34)$$

其他方程进行类似的步骤,我们可以获得离散化的格式。根据初始值计算离散方程的系数及右端项,我们能够获得新一时刻的值。

3.4 实验验证和模拟

3.4.1 实验验证

为了考察模型的预测性能,模型预测与实验进行了对比。使用 N95 口罩,进行了 KCl 渗透实验[12]。简单地说,模拟病毒溶液选用 0.02 g/cm^3 的 KCl,距离人 1 m,每 10 min 向人带着的口罩喷 2 mL,总共喷 7 次,70 min 后,每一层的 K^+ 含量可以测得。每一层的相对 K^+ 含量也能够通过计算得到。在模拟中使用如表 3.1 所列的边界条件。计算参数见表 3.2。

表 3.1　初始和边界条件

初 始 条 件	内表面边界条件 ($x=0$)	外表面边界条件 ($x=L$)
$T(x,0)=25℃$ $C_v(x,0)=(1.0\text{E}-10)\%$ $\varepsilon_l(x,0)=1.0\text{E}-3$ $p_s(x,0)=1.01325\text{E}5 \text{ Pa}$ $RH_0=65\%$	在方程 (3.27) 中 $C_{ab1}(0,t)=C_a^*(T_{ab1})$ $T_{ab1}=37℃$ $v_0=0.2 \text{ m/s}$	在方程 (3.28) 中 $T_{ab2}=25℃$ $C_{ab2}=C_a^*(T_{ab2})\times65\%$ $p_s(L,t)=1.01325\text{E}5 \text{ Pa}$ 附加条件: 如果 $t=0 \text{ s},600 \text{ s},1200 \text{ s},\cdots,3600 \text{ s}$ 改变: $C_v(L,t)=[0.02\times0.5+$ $\varepsilon_l(L,t-\Delta t)\times C_v(L,t-\Delta t)]/0.5$ $\varepsilon_l(L,t)=0.5$

表 3.2　计算参数

参　数	符　号	单　位	取值及参考文献
纤维密度	ρ_f	kg/m^3	910[13]
织物的体积热容	C_{vf}	$\text{kJ/(m}^3\cdot\text{K)}$	1715[13]
织物的热传导率	k_{fab}	$\text{W/(m}^2\cdot\text{K)}$	51.8E-3[13]
纤维对水蒸气的吸附热	λ	kJ/kg	2522[13]
液态水的吸附热	λ_l	kJ/kg	2522[7]

续表

参　　数	符　号	单　位	取值及参考文献
水蒸气的吸附热	λ_v	kJ/kg	2 260[7]
对流传质系数	h_{c2}	m/s	0.013 7
质量传输系数	h_{1g}	m/s	0.013 7
综合热传输系数	h_t	J/(m²·K)	81.6
水蒸气在纤维中的扩散系数	$D_f(w_c, t)$	m²/s	1.3E－13[8]
蒸汽的动力黏度	μ_s	kg/(m·s)	1.83×10⁻⁵[14]
液态水的动力黏度 r	μ_l	kg/(m·s)	1.0×10⁻³[14]
接触角	ϕ	°	80
纤维的等效毛细半径	d_c	m	5.0E－7
表面张力	σ	mN/m	31
平均毛细管角度	β	°	20
分子扩散系数	D_a	m²/s	2.5E－5
N95 口罩厚度	L_{N95}	m	5.1E－3
口罩比面积	S_v	1/m	10 000
有效捕获系数	c_e	—	0.1
保持率	E	—	0.01
适应参数	b	—	0.01
极限速度	V_c	m/s	1.0E－7
释放系数	c_r	—	0.3

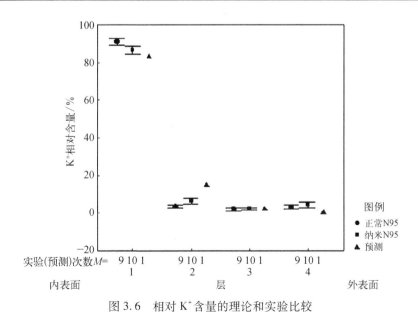

图 3.6　相对 K⁺含量的理论和实验比较

实验和模拟的相对 K^+ 含量结果见图 3.6。从图 3.6 可以看出最外层(第 1 层)的 K^+ 含量最高,因为它直接暴露在 KCl 溶液荷载下,其次是第 2 层和第 3 层以及第 4 层。另外可以看出模拟的最外层结果低于实验结果,这是因为,在模拟中没有考虑口罩结构的层影响。尽管如此,模拟趋势仍然与实验趋势一致。

3.4.2 模拟结果分析

另外,在模拟过程中,还得到了如下一些结果:口罩中 K^+ 浓度的变化过程,液态水、水蒸气浓度变化,以及压力、温度变化等,这些结果如图 3.7 ~ 图 3.13 所示。

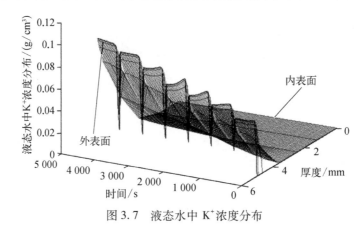

图 3.7 液态水中 K^+ 浓度分布

图 3.7 表示口罩内的水中的 K^+ 浓度分布随时间变化。每次喷溅后外层($x = L$)的 K^+ 浓度降低,然后,由于液态水的蒸发,浓度增大,而又由于扩散作用,外层 K^+ 浓度有些微减少。

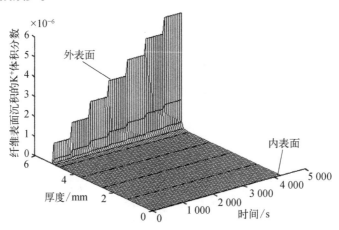

图 3.8 纤维表面沉积的 K^+ 体积分数

纤维表面沉积的 K^+ 体积分数如图 3.8 所示。纤维表面沉积的 K^+ 随着喷溅过程逐渐增加,但是内部没有它的出现,因为从图 3.9 可以看出,模拟病毒溶液中的水没有进入到内部就被蒸发掉了。

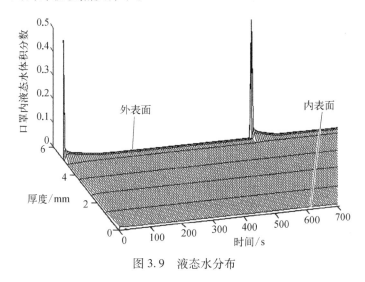

图 3.9　液态水分布

从图 3.9 中可以看出口罩内液态水体积分数随时间变化过程。液态水的变化主要受毛细压力和蒸发作用的影响。因为材料的接触角很大,等效毛细半径小,故液态水的扩散速度很低。由于外表面环境空气的相对湿度低,故喷上的液态水很快就蒸发掉了。液态水出现在口罩内表面是由于呼出气体具有较高的湿度凝结造成的。

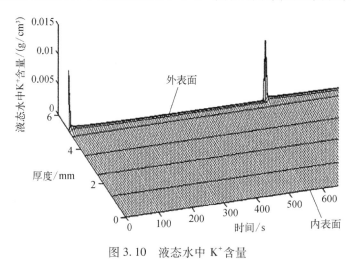

图 3.10　液态水中 K^+ 含量

图 3.10 给出了液态水中 K^+ 含量分布,在初始喷溅阶段外表面,K^+ 含量最高,逐渐地扩散。

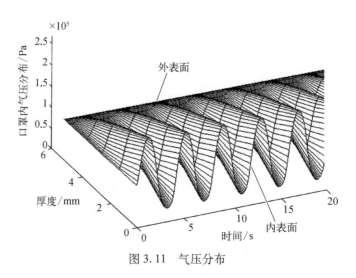

图 3.11　气压分布

　　图 3.11 指出呼吸时大气压力分布。呼出气体时由于口罩的阻力存在大气压力逐渐增加,吸入气体时,压力降低。呼吸时口罩内的压力呈周期变化。

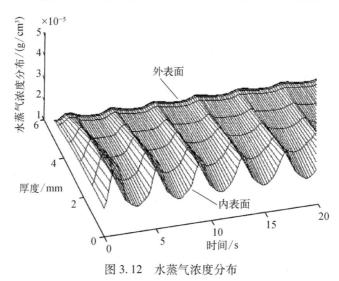

图 3.12　水蒸气浓度分布

　　如图 3.12 所示,水蒸气浓度随呼吸过程呈周期性变化,当人呼出气体,水蒸气浓度增加,而呼入气体水蒸气浓度降低。

　　图 3.13 给出了温度分布,温度变化受对流热传递和蒸发/凝结控制。口罩内表面温度逐渐增加,因为人体温度高于口罩初始温度。口罩外表面温度降低,因为液态水蒸发吸热。同时,温度随呼吸过程呈周期性变化,当人呼出气体时,纤维表面水蒸气浓度增加且气体相对湿度增加,水蒸气凝结并放出潜热,此外,在呼吸过程中,也发生对流换热。

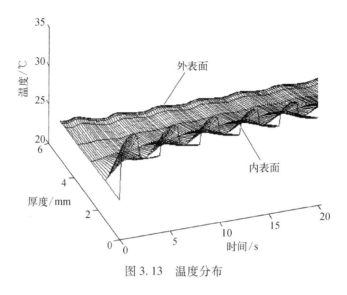

图 3.13　温度分布

3.4.3　结构和材料特性对病毒含量的影响

为了研究口罩结构和材料特性对传入到内表面病毒含量（即 $\varepsilon_l \times C_v$）的影响，我们模拟了不同等效毛细半径、厚度和接触角并且比较了模拟结果，模拟条件与 3.3.2 节相同。

图 3.14 给出了等效毛细半径对传入口罩内表面病毒含量的影响。等效毛细半径越大，传入内表面的病毒越多。

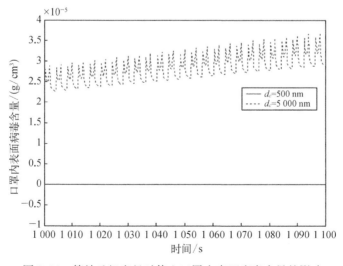

图 3.14　等效毛细半径对传入口罩内表面病毒含量的影响

图 3.15 给出了口罩厚度对传入内表面病毒含量的影响,口罩厚度越大,病毒含量越低。

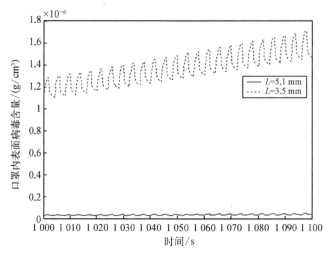

图 3.15　口罩厚度对传入口罩内表面病毒含量的影响

图 3.16 给出了接触角对口罩内表面病毒含量的影响,接触角越大,呼吸过程中传入到口罩内表面病毒含量越小。

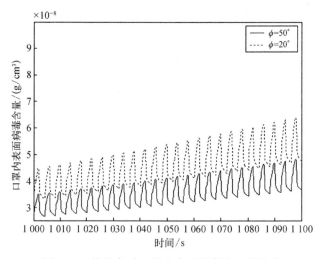

图 3.16　接触角对口罩内表面病毒含量的影响

3.5　本 章 小 结

为了进行口罩穿戴过程中热湿舒适性的理论分析,本章发展了一个多孔纤维

材料多物理场耦合模型用于描述呼吸过程中病毒扩散的过程。通过数值模拟,得到如下结论:

1) 预测结果与实验结果具有较好的一致性,表明模型具有良好的预测能力。

2) 对于具有大的接触角、小的孔隙尺寸的材料(如 N95 口罩),呼吸循环对液态水扩散影响小,但对水蒸气浓度和气压影响大。口罩中病毒的传递主要受液态水扩散的控制,液态水蒸发,液态水中病毒浓度增加。因为液态水渗透速度较小,所以液态水中的病毒质量大于纤维表面病毒的沉积量。

3) 呼吸过程中口罩内水蒸气浓度和气压呈周期性变化,温度也呈周期性变化。

4) 等效毛细半径减小、厚度增加以及接触角增大可以抑制病毒从外表面向内表面传递。

参 考 文 献

[1] 李凤志. 织物中热、质传递建模及着装人体数值仿真. 大连: 大连理工大学, 2004.

[2] Li Y, Li F Z, Zhu Q Y. Numerical simulation of virus diffusion in facemask during breathing cycles. International Journal of Heat and Mass transfer, 2005, 48(19−20): 4229−4242.

[3] Chen S K, Vesley D, Brosseau L M, et al. Evaluation of single-use masks and respirators for protection of healthcare workers against mycobacterial aerosols. American Journal of Infection Control, 1994, 22 (2): 65−74.

[4] Willeke K, Qian Y, Donnelly J, et al. Penetration of airborne microorganisms through a surgical mask and a dusk/mist respirator. American Industrial Hygiene Association Journal, 1996, 57(4): 348−355.

[5] Qian Y, Willeke K, Grinshpun S A, et al. Performance of N95 respirators: Filtration efficiency for airborne microbial and inert particles. American Industrial Hygiene Association Journal, 1998, 59(2): 128−132.

[6] 彭明辉. SARS 防护口罩与预防措施. http://www.doc88.com/p−2857306903795.html [2013−6−5].

[7] Li Y, Zhu Q Y. A model of coupled liquid moisture and heat transfer in porous textiles with consideration of gravity. Numerical Heat Transfer, 2003, 43(5): 501−523.

[8] Li F Z, Li Y, Liu Y X, et al. Numerical simulation of coupled heat and mass transfer in hygroscopic porous materials considering the influence of atmospheric pressure. Numerical heat transfer Part B, 2004, 45(3): 249−262.

[9] Amiri A, Vafai K. Analysis of dispersion effects and non-thermal equilibrium non-Darcian, variable porosity incompressible flow through porous medium. International Journal of Heat and Mass Transfer, 1994, 37 (6): 939−954.

[10] Gruesbeck C, Collins R E. Entrainment and deposition of fine particles in porous media. Society of Petroleum Engineers Journal, 1982, 22: 847−856.

[11] Parankar S V. Numerical heat transfer and fluid flow. New York: McGrow Hill, 1980.

[12]　Li Y, Chung J, Wong T, et al. In-vivo protective performance of facemasks coated with nano functional materials. Hong Kong SARS Forum and Hospital Authority Convection, Hong Kong, 2004, 118.

[13]　Li Y, Luo Z X. Physical mechanisms of moisture diffusion into hygroscopic fabrics during humidity transients. Journal of the Textile Institute, 2000, 91(2): 302 – 323.

[14]　杨世铭. 传热学. 北京: 高等教育出版社, 1980.

[15]　Ksiazek T G, Erdman D, Goldsmith C S, et al. A novel coronavirus associated with severe acute respiratory syndrome. The New England Journal of Medicine, 2003, 348(20): 1947 – 1957.

第4章 多孔纤维材料热湿传递模型在普通服装热功能分析中的应用

第2章介绍了多孔纤维材料热湿传递模型的建模理论基础和数值求解方法,本章介绍该模型在普通服装热功能分析中的应用,内容包括[1-4]:① 基于1-D多孔纤维材料热湿传递模型和改进的25节点人体热调节模型建立的人体-服装-环境热湿传递模型,并研究服装纤维材料特性对人体热响应的影响;② 基于3-D多孔纤维材料热湿传递模型和3-D人体热调节有限元模型的人体热响应模拟。

4.1 1-D着装人体热湿传递模型及应用

一个完整的着装人体热湿传递模型应包括人体热调节模型、服装模型和二者的边界条件及环境条件。下面就按照这一顺序给予介绍。

4.1.1 25节点人体热调节模型及改进

Stolwijk和Hardy[5]提出了25节点人体热调节模型。在该人体热调节模型中,人体的热系统分为被动系统和主动系统两个部分。被动系统包括人体几何特性、热传输特性及能量传输机制,而主动系统主要作用是控制出汗、打战及血流量变化,进行体温调节。

25节点模型描述的是一个平均意义上的人体。人体体重为74.4 kg,体表面积1.8877 m²。人体被动系统由六个圆柱(球)节段(头、躯干、臂、手、腿和足)组成。每一个圆柱(球)节段又分成四层:内核、肌肉、脂肪和皮肤。循环系统通过一个中心血池同每一层连接,表示大动脉、静脉。中心血池同每一层的热交换是通过血液流动以对流的方式进行的。25节点模型中,每节段四层的热平衡方程及中心血池的能量平衡方程可表示如下:

内核:$C(i, 1) \dfrac{dT(i, 1)}{dt} = Q(i, 1) - B(i, 1) - D(i, 1) - RES(i, 1)$ (4.1)

肌肉层:$C(i, 2) \dfrac{dT(i, 2)}{dt} = Q(i, 2) - B(i, 2) + D(i, 1) - D(i, 2)$ (4.2)

脂肪层：$C(i, 3) \dfrac{\mathrm{d}T(i, 3)}{\mathrm{d}t} = Q(i, 3) - B(i, 3) + D(i, 2) - D(i, 3)$ (4.3)

皮肤层：

$$C(i, 4) \frac{\mathrm{d}T(i, 4)}{\mathrm{d}t} = Q(i, 4) - B(i, 4) + D(i, 3) - E(i, 4) - Q_t(i, 4)$$

(4.4)

中心血池：
$$C(25) \frac{\mathrm{d}T(25)}{\mathrm{d}t} = \sum_{i=1}^{6} \sum_{j=1}^{4} B(i, j)$$
(4.5)

其中，(i, j) 表示第 i 个节段，第 j 层，$i = 1 \sim 6$，$j = 1 \sim 4$。每一层节点具有均一的温度，总共 24 个组织节点，再加上血液节点共计 25 个节点。C 表示热容，T 表示温度，Q 是代谢热生成率，B 是每层（点）与中心血池之间的热交换率，D 是同一节段相邻层的热传导率，Q_t 是皮肤表面与环境之间的干热损失率，RES(2, 1) 是胸部蒸发热损失率，仅对第二个节段核心层存在，E 表示蒸发热损失率。在原来的 25 节点模型中，Stolwijk 等没能考虑皮肤表面汗水积聚，认为人体分泌的汗液全部蒸发，这在着装条件是不符合实际的。Jones[6] 对 Gagge[7] 的 2 节点模型进行了修改，本章采用 Jones 方法对 25 节点模型进行了改进。

第 i 个节段皮肤的蒸发热损失率 $E(i, 4)$，可由下式表达：

$$E(i, 4) = \frac{P_{sk}(i) - P_{ea}(i)}{R_{ea}(i)} A_{Du}(i)$$
(4.6)

其中，$P_{sk}(i)$、$P_{ea}(i)$ 表示皮肤表面蒸汽压和与皮肤邻近的服装蒸汽压力；$R_{ea}(i)$ 是空气层的蒸发热阻。它是空气层厚度的函数。在室温条件下，当皮肤表面有服装时，经过简单地推导可以得到 $R_{ea}(i) = 2.2t_{al}$（单位为 Pa·m²/W），其中 t_{al} 是空气层厚度（单位为 mm）。当皮肤表面没有服装时，经过推导可得 $R_{ea}(i) = 66.8/h_c$。$A_{Du}(i)$ 代表 i 节段面积。当皮肤表面没有汗水积聚时：

$$P_{sk}(i) = \frac{P_{sat}(i)R_{ea}(i) + P_{ea}(i)R_{esk}(i) + m_{rsw}(i)h_{fg}R_{ea}(i)R_{esk}(i)}{R_{ea}(i) + R_{esk}(i)}$$

$$[\text{如果 } P_{sk}(i) > P_{sat}(i)，\text{则 } P_{sk}(i) = P_{sat}(i)]$$
(4.7)

其中，$P_{sat}(i)$ 是皮肤温度下的饱和蒸汽压力；$R_{esk}(i)$ 是皮肤蒸发热阻，$R_{esk}(i) = 333.3$ Pa·m²/W[8]；$m_{rsw}(i)$ 是出汗调节率；h_{fg} 是汗水汽化热。当皮肤表面有汗水积聚时：

$$P_{sk}(i) = P_{sat}(i)$$
(4.8)

汗水积聚可由下面的方程来描述[6]：

$$\frac{\mathrm{d}m_s(i)}{\mathrm{d}t} = m_{\mathrm{rsw}}(i) + \frac{P_{\mathrm{sat}}(i) - P_{\mathrm{sk}}(i)}{R_{\mathrm{esk}}(i)h_{\mathrm{fg}}} - \frac{P_{\mathrm{sk}}(i) - P_{\mathrm{ea}}(i)}{R_{\mathrm{ea}}(i)h_{\mathrm{fg}}} \tag{4.9}$$

其中，$m_s(i)$是液态汗在皮肤表面积聚质量。

呼吸热损失仅对胸部内核(2，1)有效。RES(2，1) 可以通过方程(4.10)来表达[9]：

$$\mathrm{RES}(2,1) = \left[0.001\,4(34 - T_{\mathrm{air}}) + 0.017(5.867 - P_{\mathrm{air}}/1\,000) \right] \sum_{i=1}^{6} \sum_{j=1}^{4} Q(i,j) \tag{4.10}$$

其中，t_{air} 和 P_{air} 是头部空气温度和水蒸气分压。其他的变量、参数和控制系统都和原来的 Stolwijk 25 节点模型[5]一致。

4.1.2　服装系统中多孔纤维材料热湿传递模型

1. 不考虑液态水的多层服装系统热湿传递模型

对于一般的工况，服装内液态水含量比较少，可不考虑液态水的存在。对于这种情况，热湿耦合模型由 Henry[10] 首先提出，经过 David 和 Nordon[11]、Li 和 Luo 等[12-13]的发展，可以很好地描述织物的热湿传输机制。模型方程已经在第 2 章详细介绍，这里为了探讨方便，简单地列在下面，变量的意义见第 2 章。

热平衡方程：

$$c_v \frac{\partial T}{\partial t} - \lambda(1 - \varepsilon) \frac{\partial C_f}{\partial t} = \frac{\partial}{\partial x}\left(k \frac{\partial T}{\partial x}\right) \tag{4.11}$$

质量守恒方程：

$$\varepsilon \frac{\partial C_a}{\partial t} + (1 - \varepsilon) \frac{\partial C_f}{\partial t} = \frac{\partial}{\partial x}\left(\frac{D_a \varepsilon}{\tau} \frac{\partial C_a}{\partial x}\right) \tag{4.12}$$

纤维中的水的积聚率符合 Fick 定律：

$$\frac{\partial C_f'}{\partial t} = \frac{1}{r'} \frac{\partial}{\partial r'}\left(r' D_f \frac{\partial C_f'}{\partial r'}\right) \tag{4.13}$$

纤维表面边界条件：

$$C_f'(x, R_f, t) = f\left[\mathrm{RH}(x, t), T(x, t)\right] \tag{4.14}$$

服装边界条件：

人服装环境边界条件如图 4.1 所示。第 I 个服装层左边界条件：

$$\left.\frac{D_a \varepsilon}{\tau} \frac{\partial C_a}{\partial x}\right|_{\Gamma I,\,\text{left}} = H_{mI}(C_{aI,\,\text{left}} - C_{aI-1,\,\text{right}}) \tag{4.15}$$

$$\left.k \frac{\partial T}{\partial x}\right|_{\Gamma I,\,\text{left}} = H_{tI}(T_{I,\,\text{left}} - T_{I-1,\,\text{right}}) \tag{4.16}$$

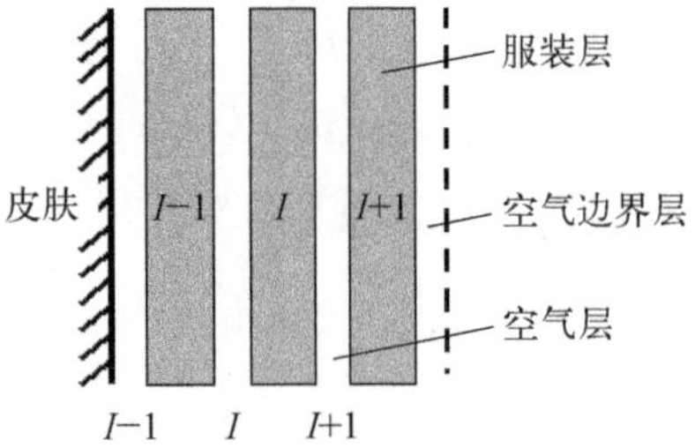

图 4.1　人服装环境边界条件

第 I 个服装层右边界条件：

$$-\left.\frac{D_a \varepsilon}{\tau} \frac{\partial C_a}{\partial x}\right|_{\Gamma I,\,\text{right}} = H_{mI+1}(C_{aI,\,\text{right}} - C_{aI+1,\,\text{left}}) \tag{4.17}$$

$$-\left.k \frac{\partial T}{\partial x}\right|_{\Gamma I,\,\text{right}} = H_{tI+1}(T_{I,\,\text{right}} - T_{I+1,\,\text{left}}) \tag{4.18}$$

其中，H_m、H_t 为空气层的质量和热传输系数。如果 $I=1$，则从皮肤流向服装的水蒸气流等于蒸发水蒸气流，热流等于皮肤干热热流（包括传导和辐射）和蒸发热流之和。当 $I=NL$ 时，$C_{aI+1,\,\text{left}}$ 表示环境蒸汽浓度。NL 表示总的服装层数。空气层热传输系数：$H_{tI} = h_r + k_a/t_{aI}$，$t_{aI}$ 是空气层厚度。h_r 为辐射热传输系数；k_a 为空气的热传导率。$h_r = 4.9$ W/(m²·℃) 和 $k_a = 24$ mmW/(m²·℃)[14]。$H_{mI} = D_a/t_{aI}$。当空气层运动时，$H_{tI} = h_r + h_c$，h_c 是对流热传输系数，它是速度的函数。$h_c = 3.43 + 5.93v$[单位为 W/(m²·K)]。质量传递系数 H_{mI} 可以通过 Lewis 关系获得。

2. 考虑液态水传递的单层服装系统热湿传递模型

这里使用 Li 和 Zhu[15] 提出的服装模型，基本方程如下：

水蒸气质量平衡：
$$\frac{\partial(C_a \varepsilon_a)}{\partial t} = \frac{\partial}{\partial x}\left(\frac{D_a \varepsilon_a}{\tau_a} \frac{\partial C_a}{\partial x}\right) - \varepsilon_f \xi_1 \Gamma_f + \Gamma_{\text{lg}} \tag{4.19}$$

液态水质量平衡：
$$\frac{\partial(\rho_l \varepsilon_l)}{\partial t} = \frac{\partial}{\partial x}\left[\frac{D_l}{\tau_l} \frac{\partial(\rho_l \varepsilon_l)}{\partial x}\right] - \varepsilon_f \xi_2 \Gamma_f - \Gamma_{\text{lg}} \tag{4.20}$$

能量平衡：
$$c_v \frac{\partial T}{\partial t} = \frac{\partial}{\partial x}\left[K_{\text{mix}}(x) \frac{\partial T}{\partial x}\right] + \varepsilon_f \Gamma_f(\xi_1 \lambda_v + \xi_2 \lambda_1) - \lambda_{\text{lg}} \Gamma_{\text{lg}} \tag{4.21}$$

本构方程：
$$\varepsilon = \varepsilon_l + \varepsilon_a = 1 - \varepsilon_f \tag{4.22}$$

液态水传递、湿吸附和解吸、蒸发凝结在模型中得以体现。液态水的扩散率 $D_l(\varepsilon_l)$ 是通过毛细管理论和达西定律获得。其表达式如下[13]：

$$D_l(\varepsilon_l) = \frac{\gamma\cos\theta(\sin^2\alpha)d_c\varepsilon_l^{\frac{1}{3}}}{20\eta\varepsilon^{\frac{1}{3}}} \tag{4.23}$$

蒸发或凝结状态是由纤维表面的水蒸气浓度 C_a 与局部温度下饱和水蒸气浓度 $C_a^*(T)$ 之差决定的。当 $C_a > C_a^*(T)$，纤维表面凝结发生，当 $C_a < C_a^*(T)$ 并且液态水体积分数 ε_l 超过蒸发极限份数 ε_{l0}，纤维表面蒸发获得。蒸发凝结表达式如下[13]：

$$\Gamma_{1g} = S_v' h_{1g} \left[C_a^*(T) - C_a \right] \tag{4.24}$$

其中，S_v' 表示织物比面积。方程(4.24)表示纤维湿吸附过程。湿扩散系数 D_f 是纤维含水量 $w_c(x, t)$ 的函数。纤维的平均水蒸气浓度 C_f 可通过解方程(4.13)、(4.14)获得，然可利用方程(4.25)和(4.26)可分别求出纤维内水蒸气浓度变化率 Γ_f 和平均含水量 w_c：

$$\Gamma_f = \frac{\partial C_f}{\partial t} \tag{4.25}$$

$$w_c = \frac{C_f}{\rho_f} \tag{4.26}$$

纤维吸湿量与其周围液态水及水蒸气浓度有关，在位置 (x, t) 纤维表面被水蒸气和液体水同时覆盖，ξ_1 和 ξ_2 表示蒸汽和液态水在孔中的比例。定义 $\xi_1 = \varepsilon_a/\varepsilon$，$\xi_2 = \varepsilon_l/\varepsilon$，且：

$$\xi_1 + \xi_2 = 1 \tag{4.27}$$

边界条件：

如图4.2，服装内表面单位面积热流和湿流表达如下：

$$K_{\text{mix}} \frac{dT}{dx}\bigg|_{i, x=0} = p_h H_{t1}[T_{cl,0} - T(i, 4)] - p_h E(i, 4)/S(i) + \kappa_2\lambda_{1g}h_{1g}[C_a^*(T_{cl,0}) - C_{\text{ask}}(i)]$$

$$\frac{D_a\varepsilon_a}{\tau_a} \frac{\partial C_a}{\partial x}\bigg|_{i, x=0} = -p_m E(i, 4)/[\lambda_{1g}S(i)]$$

$$\frac{D_l}{\tau_l} \frac{\partial(\rho_l\varepsilon_l)}{\partial x}\bigg|_{i, x=0} = \kappa_2\lambda_{1g}h_{1g}[C_a^*(T_{cl,0}) - C_{\text{ask}}(i)] \tag{4.28}$$

参数 p_m 和 p_h 表示湿蒸汽和干热损失通过服装内表面的比例。这里，p_m 和 p_h 取1。

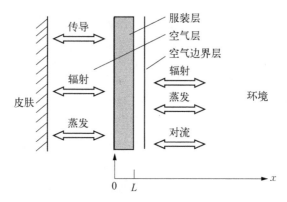

图 4.2　人服装环境边界示意图

$\kappa_2 = \varepsilon_l / \varepsilon$ 是蒸发比例。内层空气层，$H_{t1} = h_r + k_a / t_{aI}$。

服装外表面，湿蒸发、对流和辐射同时发生：

$$-K_{\text{mix}} \frac{\mathrm{d}T}{\mathrm{d}x}\bigg|_{i,\, x=L} = \lambda_{\text{lg}} \kappa_2 h_{\text{lg}} \big[C_a^* (T_{cl,\, L}) - C_{\text{aenv}} \big] + H_{t2} (T_{cl,\, L} - T_{\text{env}})$$

$$-\frac{D_a \varepsilon_a}{\tau_a} \frac{\partial C_a}{\partial x}\bigg|_{i,\, x=L} = \kappa_1 H_{m2} (C_{acl,\, L} - C_{\text{env}})$$

$$-\frac{D_l \rho_l}{\tau_l} \frac{\partial \varepsilon_l}{\partial x}\bigg|_{i,\, x=L} = \kappa_2 h_{\text{lg}} \big[C^* (T_{cl,\, L}) - C_{\text{env}} \big] \tag{4.29}$$

当空气层运动时，$H_{t2} = h_r + h_c$，对流热传输系数 $h_c = 3.43 + 5.93v$［单位 W/ (m$^2 \cdot$ K)］。传质系数 H_{m2} 可以通过 Lewis 关系得到[14]。质量传递由湿蒸汽传递以及液态水蒸发两部分组成。湿蒸汽的传递比例 $\kappa_1 = \varepsilon_a / \varepsilon$，液态水的蒸发比例 $\kappa_2 = \varepsilon_l / \varepsilon$。

4.1.3　人体-服装-环境系统热湿传递模拟流程

根据上述边界描述，人体与服装之间是互为边界的，其在一个时间步内的模拟过程应该是一个重复迭代过程。但如果时间步长足够小，以至于各自的边界在一个时间步内可以认为是常数，迭代过程可以近似为互为边界的一次性计算。在计算程序中，服装模型使用隐式中心差分法进行离散。由于服装模型考虑吸湿和解吸的时间相关性和非线性，为了保证计算精度和结果的可靠性，服装模型的时间步长不能太大，本书使用 0.001 s 作为时间增量步长。在一定的边界条件下，当增量步长累积到一定值后，与人体模型交换边界条件。人体模型的数值解采用显示差分法。由于大的热容量，人体温度变化率远小于服装，故其对时间步长的大小不过分苛求,初始时间增量步长 Δt 取为 1 s,然后,使用人体最大温度变化小于 0.1℃ 来控制调节过程的时间增量步长,当时间增量步长累积到一定值,与服装相互交换边界条件。为了保证使用一次性交互计算能达到所需的计算精度,经过试算,本文使用 10 s 作为交互边界条件的时间间隔。模拟程序应用 FORTRAN 语言编制,其流程如图 4.3 所示。它主要由 6 个部分组成:主程序以及子程序 HUMAN、SIGNAL、CLOTH、NEW、OUTPUT。功能分别如下。

　　主程序:读初始条件和模拟条件,控制整个程序;

　　HUMAN:读取人体被动系统生理参数和物理参数[包括人体被动系统常数(热容、导热率)、主动系统控制常数];

　　SIGNAL:计算控制系统和心血管系统参数;

　　CLOTH:根据初始时刻值,相应的边界条件计算服装在时间间隔 ti 后的变量值;

　　NEW:根据前一时刻的人体变量计算新的变量;

　　OUTPUT:输出模拟结果。

4.1.4　模型验证及分析

　　为了验证着装人体模型的预测性能,应用文献[16]中的实验数据,与模型预测进行了对比。在文献[16]中做了一个着装人体由热环境到冷环境,人体热响应实验,详细的

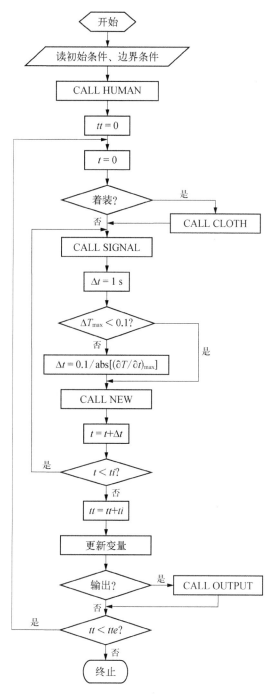

图 4.3　着装人体动态传递过程计算流程

tte 为模拟时间;Δt 为时间增量步;ti 为服装与人体交换信息间隔

实验情况见文献[16],简单地说,实验研究对象为三个健康的大学生,身高及体重接近标准人体,全部穿同样的 T 恤衫、裤子。服装均为纯棉制作,厚度为 2.2 mm,孔隙率为 0.67,其吸湿等温特性见图 4.4,其他特性参数见表 4.1。初始时刻,人进入冷的房间 A,穿上实验服装,贴上传感器,坐在椅子上 15 min,使人服装环境达到平衡状态,然后进入热的房间 B,静坐 20 min,再回到冷的房间 A,静坐 40 min,详细情况见表 4.2。使用改进后的人体模型和多层服装系统相结合进行了模拟,并和文献[16]中所测的温度数据进行了对比。对比结果见图 4.5 和图 4.6。

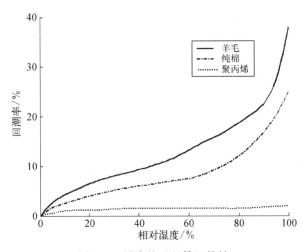

图 4.4　纤维的吸湿等温特性

表 4.1　材料特性参数

参　数	符号	单位	羊　毛	纯　棉	聚丙烯
纤维内蒸汽扩散系数	D_f	m²/s	9.0E-13	6.0E-13	1.3E-13
空气中蒸汽扩散系数	D_a	m²/s	2.5E-5	2.5E-5	2.5E-5
织物体积热容	C_v	kJ/(m³·K)	$4.184 \times 10^3 \times 1.3 \times (0.32 + w_c)/(1 + w_c)$	$4.184 \times 10^3 \times 1.55 \times (0.32 + w_c)/(1 + w_c)$	$4.184 \times 10^3 \times 0.9 \times (0.32 + w_c)/(1 + w_c)$
织物热传导率	K	W/(m·K)	$(38.49 - 0.720 w_c + 0.113 w_c^2 - 0.002 w_c^3) \times 10^{-3}$	$(44.1 + 63.0 w_c) \times 10^{-3}$	51.8×10^{-3}
吸附热	λ	kJ/kg	$1\,602.5\exp(-11.2 w_c) + 2\,522.0$	$1\,030.9\exp(-22.39 w_c) + 2\,522.0$	2 522
纤维密度	ρ_f	kg/m³	1 320	1 550	910
纤维半径	R_f	m	1.03E-5	1.03E-5	1.0E-5

表 4.2　模拟工况

	阶段-0　初始状态	阶段-1　发汗	阶段-2　制冷
状态	坐	坐	坐
环境	房间 A：$T_{env}=25℃$，$RH_{env}=40\%$，$v=0.3\,m/s$	房间 B：$T_{env}=36℃$，$RH_{env}=80\%$，$v=0.1\,m/s$	房间 A：$T_{env}=25℃$，$RH_{env}=40\%$，$v=0.3\,m/s$
时间	15 min	20 min	40 min
服装	棉的 T 恤和裤子	棉的 T 恤和裤子	棉的 T 恤和裤子

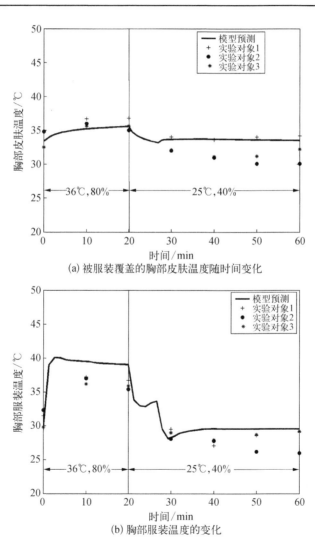

(a) 被服装覆盖的胸部皮肤温度随时间变化

(b) 胸部服装温度的变化

图 4.5　胸部皮肤和服装内部温度理论和实验对比

从图 4.5(a)能够看出被服装覆盖的胸部皮肤温度随时间变化过程,进入房间 B

后,温度逐渐增加,由于环境温度湿度增大,导致服装温度升高,进而影响人体皮肤温度。20 min 后皮肤温度降低,因为环境温度、湿度变低引起皮肤周围服装温度变低。从图 4.5(b)可以看出胸部服装温度的变化。进入房间 B,在 2 min 内温度迅速增加,随后略有降低,进入房间 A 后服装温度降低,从图 4.5(b)中可以看出分两段,开始进入房间 A,服装温度降低由于环境温度降低和湿度降低,导致服装纤维内的水分解吸。在 27 min 处又有一个降低是由于皮肤表面汗水蒸发完毕,使得蒸发热流的减少。

　　图 4.6 指出了没有服装覆盖的臂部的皮肤温度变化。先升后降,体现了环境的影响。从图 4.5 和图 4.6 的理论和实验比较,可以看出模型的预测能力。该模型可以满足工程需要。模型经过验证之后,就可以利用该模型进行预测了。

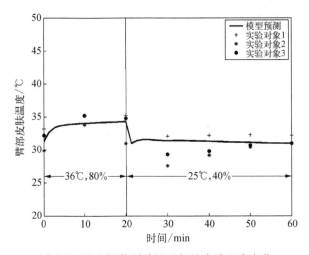

图 4.6　没有服装覆盖的臂部的皮肤温度变化

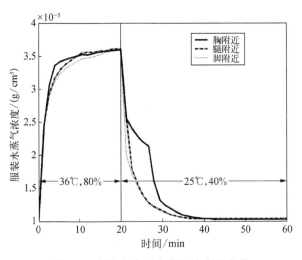

图 4.7　服装内表面水蒸气浓度的变化

图 4.7 指出了服装内表面水蒸气浓度的变化。进入热房间 B,因为进入高温高湿环境人体皮肤表面汗水蒸发,服装内表面水蒸气浓度增加。进入冷房间 A 后,由于环境湿度降低,服装内表面水蒸气浓度迅速降低。胸部服装内表面水蒸气浓度在 27 min,腿部在 22 min 有突变,原因在于该时刻,皮肤表面汗水蒸发完毕,来自皮肤表面的蒸发气流减少。这可以从后面的图 4.10 和图 4.11 中看出。

图 4.8 指出了服装内表面纤维的湿吸附过程,其峰值的产生是水蒸气浓度变化的结果。

图 4.9 指出了不同部位服装内表面温度变化,如前面所分析,在 20 min 后,温度下降是由环境温度降低、环境湿度降低、纤维对水分解吸吸热引起的。然后温度

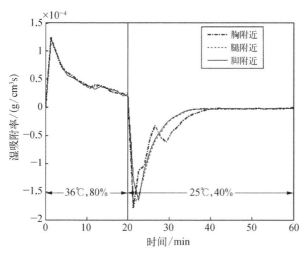

图 4.8　服装内表面纤维的湿吸附过程

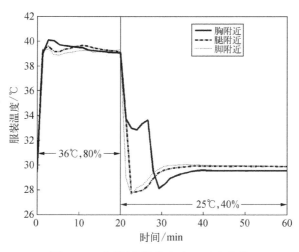

图 4.9　不同部位服装内表面温度变化

升高,是因为受皮肤温度的影响。在胸部接近 30 min 处,服装内表面温度突然降低,是由于皮肤表面液态水被蒸发完毕,没有蒸发热流作用于服装。同时,由于没有蒸发气流作用于服装,导致服装内表面湿度降低,纤维对水分解吸,然后受皮肤温度的影响,服装内表面温度降低后又升高。

图 4.10 指出了皮肤表面的蒸发率变化。进入房间 B,皮肤蒸发率增加,进入 A 后,皮肤蒸发率迅速增加,这是因为服装内表面水蒸气浓度随环境降低。当皮肤表面汗水蒸发完毕时,蒸发率迅速降低直到 60 min 达到平衡。

图 4.11 指出了汗水在皮肤表面的积聚变化,我们可以看出进入 B 后汗水在皮肤表面的积聚逐渐增加,这是环境温度高、湿度高导致的结果。进入 A 后,随着环

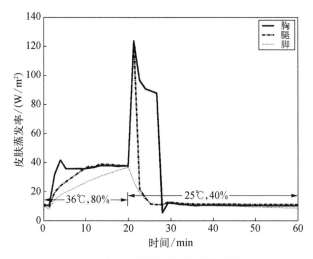

图 4.10　皮肤表面的蒸发率变化

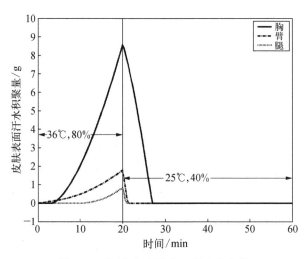

图 4.11　汗水在皮肤表面的积聚变化

境温度、湿度降低,出汗率减少,汗水在皮肤表面积聚逐渐减少。在 20 min 处,胸部最多,其次是臂、腿。

图 4.12 指出了各个节段的皮肤表面温度分布,进入 B 后,环境温度高、湿度大,皮肤温度升高。表面没有服装的臂部温度最低。进入 A 后,温度降低,臂和胸部分别在 21 min、27 min 有突变。原因在于此时汗水蒸发完毕,皮肤表面汗水蒸发率减少,导致热量流失减少。

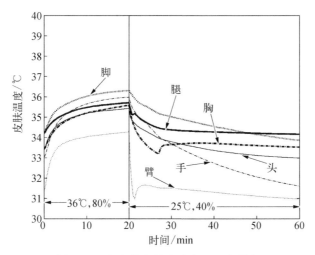

图 4.12　各个节段的皮肤表面温度分布

图 4.13~图 4.15 分别指出了多加 1 层同样的服装,对服装内表面温度分布、胸部皮肤表面汗水积聚、胸部皮肤温度变化的影响。可以看出,穿 2 层服装,服装

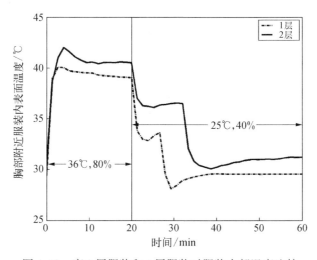

图 4.13　穿 2 层服装和 1 层服装时服装内部温度比较

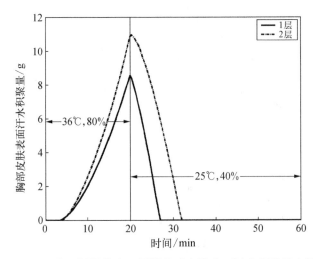

图 4.14　穿 2 层服装和 1 层服装时皮肤表面汗水积聚量比较

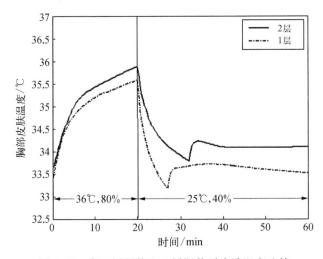

图 4.15　穿 2 层服装和 1 层服装时皮肤温度比较

内表面温度、胸部皮肤表面汗水积聚、胸部皮肤温度明显高于穿 1 层服装。

4.1.5　服装材料特性对人体热响应的影响

　　为了考察服装材料对着装人体的动态响应的影响,服装分别选用不同的材料制作而成:聚丙烯(PP)、纯棉和羊毛,但所有的服装具有相同的厚度(2.0×10^{-3} m)和孔隙率(0.88)。纤维的吸湿等温特性曲线如图 4.4 所示,材料特性参数如表 4.1 所示。

　　使用单层复杂的服装模型结合人体模型模拟了 4.1.4 中的同样过程。为了简单明了地说明服装材料对人体热响应影响机理,这里仅比较胸部的计算结果。预测结果如下：

　　不同材料服装内表面水蒸气浓度变化如图 4.16 所示。进入 B,由于环境温度高、湿度大,水蒸气浓度增加,进入 A,由于环境温度低、湿度低,水蒸气浓度降低。具有最低的吸湿能力的聚丙烯(PP)制作的服装,在 B 内,其内表面蒸汽浓度最高,在 A 内相反。这是因为蒸汽从温度和湿度高的外表面扩散进入服装后,吸湿性强的材料吸附的多,到达内表面的蒸汽少。而在 A 中,环境温度低、湿度低,纤维放湿,PP 放湿少,因此其周围蒸汽浓度低于放湿多的羊毛和纯棉材料。水蒸气浓度的下降过程分为 2 个阶段,湿是由皮肤表面汗水积聚量的从有到无引起的。

　　图 4.17 说明了纤维湿吸附率的变化。在 B 中,PP 具有最低的湿吸附率,而羊

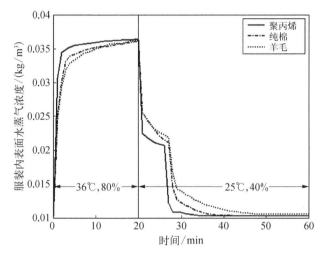

图 4.16　不同材料服装内表面水蒸气浓度变化

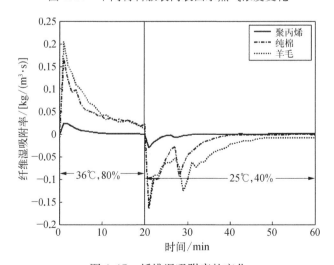

图 4.17　纤维湿吸附率的变化

毛最高,在 A 中,PP 具有最低的解吸附率,如前所述,同样道理其解吸过程也分为两个阶段。

图 4.18 指出了服装内表面温度变化,具有高吸湿能力的羊毛服装,进入高湿度环境下,由于吸湿较多、放热多,温度最高;相反,进入湿度低的环境,放湿最多,温度最低。

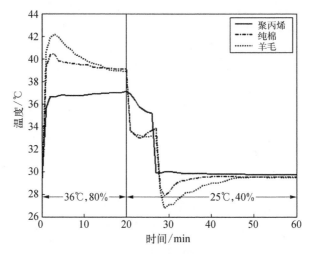

图 4.18　服装内表面温度变化

图 4.19 指出了皮肤表面水蒸气压力的变化。刚进入 B,皮肤表面水蒸气压力受环境服装水蒸气压力控制,当表面有汗水积聚后,其表面蒸汽压力为当前皮肤温度下的饱和蒸汽压。因此在开始进入 B 时,穿 PP 服装的皮肤表面水蒸气压力高,

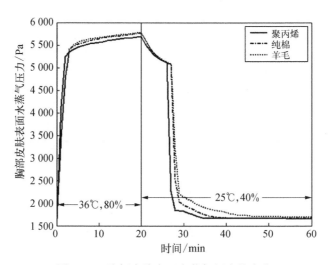

图 4.19　胸部皮肤表面水蒸气压力的变化

随着汗水的积聚,穿 PP 服装的皮肤表面水蒸气压力低于穿纯棉和羊毛的。

图 4.20 指出了服装内表面水蒸气压力变化。其道理和趋势同服装内表面蒸汽浓度变化一致,如图 4.16 所示。

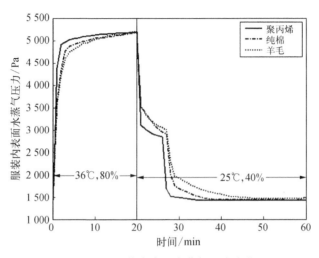

图 4.20　服装内表面水蒸气压力变化

图 4.21 指出了胸部皮肤表面汗水的蒸发热损失。其大小是由皮肤表面蒸汽压力和服装表面蒸汽压力差所控制。穿 PP 服装的皮肤表面在 B 中蒸发热损失最低,羊毛最高。

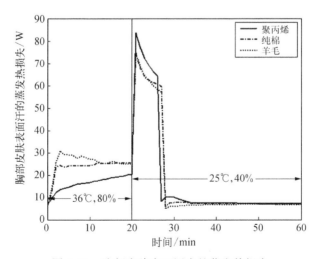

图 4.21　胸部皮肤表面汗水的蒸发热损失

图 4.22 指出了胸部皮肤表面温度变化。进入 B 后皮肤温度升高,穿羊毛服装的皮肤温度最高,穿 PP 服装的皮肤温度最低。进入 A 后皮肤温度降低又升高,降低是

由环境温度降低以及湿度降低导致纤维解吸吸热引起。后来皮肤温度升高是由皮肤表面汗水蒸发后蒸发热损失减少引起。进入 B 后皮肤温度升高,穿羊毛服装的皮肤温度最高,穿 PP 服装的皮肤温度最低,而进入 A 后则相反,这与服装温度变化相一致。

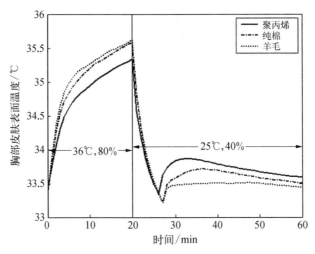

图 4.22　胸部皮肤表面温度变化

　　图 4.23 指出了皮肤的汗水生成率。可以看出,在 B 中,着 PP 服装的皮肤表面汗水生成率最低,而羊毛最高,在 A 中则相反,这与温度变化相一致。

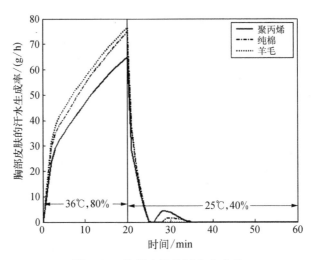

图 4.23　胸部皮肤的汗水生成率

　　图 4.24 指出了胸部表面汗水积聚量变化。进入 B 后,穿 PP 服装的皮肤表面胸部汗水积聚量最高,这是因为其蒸发速度慢,在 A 中则相反。

　　图 4.25 指出了胸部皮肤血流率的变化。与皮肤温度变化相一致,在 B 中,穿

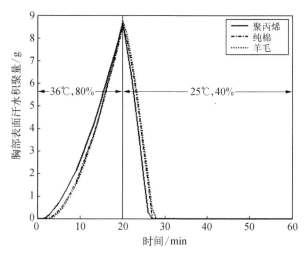

图 4.24 胸部表面汗水积聚量变化

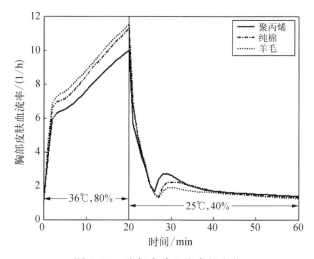

图 4.25 胸部皮肤血流率的变化

羊毛服装的胸部皮肤血流率最高,而在 A 中最低。

图 4.26 指出了由皮肤和血液的热交换引起的皮肤热损失。它是血流率、皮肤温度与中心血池温度之差的函数。其值为负表示热是从血液传向皮肤。

图 4.27 指出了胸部皮肤表面的干热损失。其趋势与服装温度相反。

图 4.28 指出了服装内表面的液态水的体积分数变化。进入 A 后,由于温度低,水蒸气凝结。羊毛和纯棉服装内凝结的液态水明显高于聚丙烯材料的服装。原因在于,进入 A 后,羊毛和纯棉服装内表面水蒸气浓度高于 PP 材料的服装,而温度相反。同时我们看到服装内液态水的体积分数非常小,这是因为服装和皮肤表面没有接触。

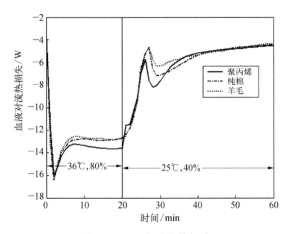

图 4.26　血液对流热损失

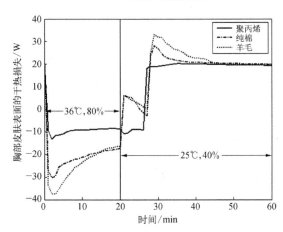

图 4.27　胸部皮肤表面的干热损失

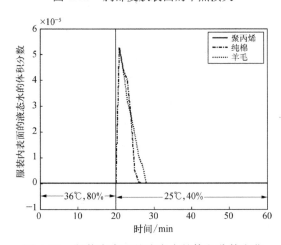

图 4.28　服装内表面的液态水的体积分数变化

4.2　3-D着装人体热湿传递模型及应用

　　4.1节基于集总参数25节点模型和1-D服装热湿传递模型对人体-服装-环境系统热湿传递性能进行了模拟。然而,该模型人体热调节模型在反映真实的人体几何形状、解剖结构、传热机制和模拟复杂的非均匀环境条件方面,仍有很大缺陷。集总参数模型将人体划分成由一个中心血池连接的若干个圆柱节段,每一节段又分布划分成若干表示内脏、肌肉、脂肪和皮肤的壳体层,每一个壳层假设具有均一温度。壳与壳之间只存在径向组织连接,环向和轴向组织连接被忽略。虽然在一定程度上该类模型具备处理非均匀环境的能力,但对于温度梯度较大的高度非均匀环境场合,仍会存在较大误差。此外,模型中用一个非真实的具有同一温度的中心血池模拟人体的循环系统也是产生误差的重要原因。有限元模型不再将人体简化为按一定方式连接的若干个集总节点,而是将整个人体的被动系统分为由相互连接的单元组成的组织系统、接近物理真实的循环系统和呼吸系统。由于有限元法通过假设单元内部温度场是单元节点温度的连续函数,可以模拟较大温度梯度。此外,有限元特别适合模拟复杂的几何形状,随着单元网格加密,使人体被动系统的高精度有限元模拟成为可能。遗憾的是,现有的基于有限元法建立的人体热调节模型将人体简化成不同圆柱节段,单元是基于圆柱坐标系建立的。一方面,这种简化与实际人体形状差别较大。研究表明,人体的几何形状对人体内部温度分布及人体与外界热交换有重要影响。另一方面,邻近圆柱节段之间的组织连接被忽略,仅考虑大的中心血管和表皮血管的连接。这不仅忽略了邻近节段间的热传导,同样忽略了对节段间组织传热有重要影响的血液毛细渗透作用。

　　为了模拟更加真实的人体几何形状和更真实的传热机制,在Smith-Fu[17-18]有限元模型的基础上,本节发展了一个3-D人体热调节有限元模型,并联合服装的3-D多孔纤维材料热湿传递模型,对着装人体热湿传递特性进行三维模拟分析。

4.2.1　考虑真实人体几何的人体热调节数学模型

　　模型由两个相互作用的系统组成:人体被动系统和热调节系统。人体被动系统包括人体的几何、物理及生理特性。人体热调节系统基于体温信息控制生理响应,如血管舒缩、出汗及打战等。

　　1. 人体被动系统的构成与热调节系统

　　人体被动系统的结构如图4.29所示。根据人体三维CT扫描数据,提取各种组织的几何信息,划分组织单元[图4.29(a)]。整个人体组织划分成两类三维单元：表示人体中心部位组织的 6 节点楔形单元和其他组织的 8 节点六面体单元。沿着组织单元的边界，布置了血管单元，内部组织单元的棱边布置动脉和静脉两根血管，而皮肤外层单元棱边仅布置静脉。这些血管单元进行连接构成血液循环系统[图 4.29(b)]，用于模拟血液流动从内核向外层皮肤输送热量。在头、颈以及躯干内部布置了呼吸道单元[图 4.29(c)]，用于模拟呼吸引起的蒸发和对流热损失。血管和呼吸道单元表示成一维单元。

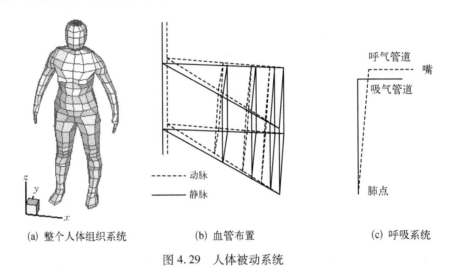

(a) 整个人体组织系统　　　(b) 血管布置　　　(c) 呼吸系统

图 4.29　人体被动系统

　　热调节系统的机制见图 4.30。分布于全身各处的冷、暖感受器获得的温度信息根据热灵敏度和每一节段的面积加权平均为一个平均皮肤温度(Tskin)，内核温度(Tcore)是体积平均躯干中心组织单元所获得的温度。热调节响应(如出汗、舒缩控制和打颤)是受平均皮肤温度和内核温度控制，具体方程见 Smith-Fu 模型[17-18]。

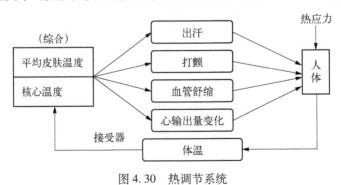

图 4.30　热调节系统

2. 基本控制方程及边界条件

组织系统、血液循环系统和呼吸系统的平衡方程与 Smith - Fu[17-18]有限元模型方程完全一致,这里为了查阅方便将其列在一起,如下所示。

$$
\begin{cases}
\rho c \dfrac{\partial T}{\partial t} = \vec{\nabla} \cdot k \, \vec{\nabla} T + q_b + q_m + q_a + q_v + \alpha q_{\text{res}} \\[2mm]
\rho_b c_{b,p} \dfrac{\partial T_b}{\partial t} = k_b \dfrac{\mathrm{d}^2 T_b}{\mathrm{d}z^2} - \rho_b c_{b,p} v_b \dfrac{\mathrm{d}T_b}{\mathrm{d}z} + \dfrac{q_{bd}}{A_b} \\[2mm]
-\dfrac{r_0^2}{8\mu} \dfrac{\mathrm{d}^2 P}{\mathrm{d}z^2} = 0 \\[2mm]
D_{ab} \dfrac{\mathrm{d}^2 W_{\text{air}}}{\mathrm{d}z^2} - v_{\text{res}} \dfrac{\mathrm{d}W_{\text{air}}}{\mathrm{d}z} + \dfrac{m_{\text{res}}}{A_{\text{res}}} = 0
\end{cases}
\tag{4.30}
$$

方程组(4.30)中第一个方程是组织和内部器官的能量守恒方程,其中 ρ、c 分别为组织器官的密度和热容,T 为组织温度,t 为时间,k 为组织导热率,q_b 为毛细渗透引起的能量变化率,q_m 为代谢热生成率,q_a、q_v 分别表示动脉、静脉同组织之间的热交换率,q_{res} 为呼吸系统与组织之间的热交换率,仅出现在头、颈和躯干,即在这些部位 $\alpha = 1$,其他部位 $\alpha = 0$。第二个方程表示血液或呼吸道的能量方程,q_{bd} 为血液或呼吸道内的空气与周围组织的能量交换率,A_b 为血管或呼吸道的横截面积。第三个方程是血液连续性方程,r_0 为血管半径,μ 为血液黏度,P 为血压,z 为沿血管轴向的坐标。第四个方程表示呼吸道内蒸汽质量守恒方程,其中 D_{ab} 为水蒸气在空气中的质量扩散率,W_{air} 为呼吸道内空气湿率,v_{res} 为呼吸速度,m_{res} 为呼吸道与周围组织之间的水蒸气的质量交换率,它可以表示为

$$
m_{\text{res}} = 2\pi r_{\text{res}} h_m (W_{\text{sat}} - W_{\text{air}})
\tag{4.31}
$$

其中,W_{sat} 为饱和空气湿率;r_{res} 为呼吸道半径;h_m 为湿交换系数;A_{res} 为呼吸道单元的横截面积。

对于人体表面皮肤组织单元,对流、辐射和蒸发同时发生,故其能量边界条件可描述为

$$
k \vec{\nabla} T \cdot \vec{n} = h_c (T_{\text{amb}} - T) + h_r (T_{\text{amb},r} - T) - h_{fg} m_m''
\tag{4.32}
$$

其中,h_{fg} 表示水的汽化潜热;h_c 和 h_r 表示对流辐射热交换系数;T_{amb} 和 $T_{\text{amb},r}$ 表示环境气温和环境辐射温度;m_m'' 皮肤湿蒸发率,其值可由下式给出:

$$
m_m'' = \frac{R_{\text{skin}} - P_{\text{amb}}}{R_{e,\text{skin}}}
\tag{4.33}
$$

其中,P_{amb} 表示环境蒸汽压;$R_{e,\text{skin}}$ 表示皮肤的蒸发阻力;P_{skin} 表示皮肤蒸汽压,可以根据出汗率和汗水积聚情况得出。

对于血液质量守恒方程,从左心室进入动脉系统的体积血流率等于心输出量(CO)可以作为一个边界条件,另一个边界条件通过在右心房指定血压获得。呼吸道气体的边界条件通过下式给出:

$$W_{\text{air in}} = W_{\text{amb}} \tag{4.34}$$

即进入呼吸道嘴点湿率等于环境湿率。

4.2.2　服装热湿传递模型及其边界条件

服装的几何形状根据人体皮肤表面的几何点坐标及服装厚度,距离皮肤距离外延获得,如图 4.31 所示。

对于服装,这里采用基于 Li 和 Zhu[15] 一维热湿耦合传递模型拓展的三维方程:

$$\begin{cases} \dfrac{\partial(C_a\varepsilon_a)}{\partial t} = \vec{\nabla}\cdot\left(\dfrac{D_a\varepsilon_a}{\tau_a}\,\vec{\nabla}\,C_a\right) - \varepsilon_f\xi_1\Gamma_f + \Gamma_{\text{lg}} \\[2mm] \dfrac{\partial(\rho_l\varepsilon_l)}{\partial t} = \vec{\nabla}\cdot\left[\dfrac{D_l}{\tau_l}\,\vec{\nabla}(\rho_l\varepsilon_l)\right] - \varepsilon_f\xi_2\Gamma_f - \Gamma_{\text{lg}} + a\dfrac{\partial\varepsilon_l}{\partial z} \\[2mm] c_v\dfrac{\partial T_{cl}}{\partial t} = \vec{\nabla}\cdot(k_{\text{mix}}\vec{\nabla}T_{cl}) + \varepsilon_f\Gamma_f(\xi_1\lambda_v + \xi_2\lambda_1) - \lambda_{\text{lg}}\Gamma_{\text{lg}} \\[2mm] \varepsilon = \varepsilon_l + \varepsilon_a = 1 - \varepsilon_f \end{cases}$$

图 4.31　服装系统

$$\tag{4.35}$$

其中的参数意义见 2.3.1。

服装内表面的热流和湿流传输可以用以下方程表示:

$$\begin{cases} -\dfrac{D_l}{\tau_l}\,\vec{\nabla}(\rho_l\varepsilon_l)\cdot\vec{n}\,\bigg|_{\Gamma_1} = \kappa_2 h_{\text{lg}}\left[C_a^*(T_{cl,0}) - C_{\text{ask}}\right] \\[3mm] -\dfrac{D_a\varepsilon_a}{\tau_a}\,\vec{\nabla}C_a\cdot\vec{n}\,\bigg|_{\Gamma_1} = -m'' \\[3mm] -k_{\text{mix}}\,\vec{\nabla}T\cdot\vec{n}\,|_{\Gamma_1} = \left[H_{t1}(T_{cl,0} - T_{\text{skin}})\right] - \lambda_{\text{lg}}m'' + \kappa_2\lambda_{\text{lg}}h_{\text{lg}}\left[C_a^*(T_{cl,0}) - C_{\text{ask}}\right] \end{cases}$$

$$\tag{4.36}$$

其中,H_{t1} 为包含对流和辐射热传导的综合导热系数;λ_{lg} 为液态水的蒸发潜热;m'' 为皮肤表面的湿蒸发率;$\kappa_2 = \varepsilon_l/\varepsilon$ 表示蒸发传质比例;h_{lg} 为液态水的蒸发系数;C_a^* 为饱和水蒸气浓度,它是服装温度的函数;C_{ask} 为皮肤表面的水蒸气浓度。

在服装外表面,热传导包含对流和辐射热传导。在服装外边界,发生对流传湿以及蒸发和冷凝现象,因此,外边界条件可以用以下方程表达:

$$\begin{cases} -\dfrac{D_a \varepsilon_a}{\tau_a} \ \vec{\nabla} C_a \cdot \vec{n} \bigg|_{\Gamma_2} = \kappa_1 H_{m2}(C_{acl,\,L} - C_{env}) \\[2mm] -\dfrac{D_l \rho_l}{\tau_l} \ \vec{\nabla} \varepsilon_l \cdot \vec{n} \bigg|_{\Gamma_2} = \kappa_2 h_{lg}\big[\, C^*(T_{cl,\,L}) - C_{env} \,\big] \\[2mm] -k_{\text{mix}} \ \vec{\nabla} T \cdot \vec{n} \big|_{\Gamma_2} = \lambda_{lg} \kappa_2 h_{lg}\big[\, C_a^*(T_{cl,\,L}) - C_{aenv} \,\big] + H_{t2}(T_{cl,\,L} - T_{env}) \end{cases}$$

$$(4.37)$$

其中,下角标 env 代表周围环境变量;下角标 L 代表服装外表面;H_{t2} 表示服装外表面的综合导热系数;$\kappa_1 = \varepsilon_a / \varepsilon$ 表示水蒸气在孔隙中所占的体积分数;H_{m2} 表示传质系数。

4.2.3　3-D 着装人体热湿传递模型的数值解法

1. 空间及时域离散

2.3.2 节对服装的多孔纤维介质热湿传递模型方程采用 Galerkin 的加权余量法进行空间离散,并采用有限差分法时域离散。对于人体模型同样采用 Galerkin 的加权余量法进行空间离散。在几何域内离散方程之前,必须首先定义单元的形函数。被动调节系统采用 2 节点杆单元、6 节点楔形单元和 8 节点块状单元三种基本单元形式,如图 4.32 所示。

这里,2 节点杆单元用于模拟血管和呼吸道,用 6 节点等参楔形模型来模拟核心组织,用 8 节点块状模型来模拟其他组织。图 4.32(b)和(c)分别给出了 6 节点楔形单元和 8 节点块状单元在局部坐标系中的示意图。对于 6 节点楔形单元中 A 点的 ξ 和 η 值可以通过三角形 1-A-3 与三角形 1-2-3 的面积比以及三角形 1-A-2 与三角形 1-2-3 的面积比求得。从图 4.32(b)中可以看出,$0 \leqslant \xi, \eta \leqslant 1$, $-1 \leqslant \zeta \leqslant 1$, $\xi + \eta \leqslant 1$。形函数如下所示:

$$N_i = \begin{cases} (1 - \xi - \eta)(1 + \zeta \zeta_i)/2 & (i = 1,\,4) \\ \xi(1 + \zeta \zeta_i)/2 & (i = 2,\,5) \\ \eta(1 + \zeta \zeta_i)/2 & (i = 3,\,6) \end{cases} \qquad (4.38)$$

其中,ζ_i 是 ζ 在节点 i 处的值。对于 8 节点块状单元的形函数可以表示为

$$N_i = (1 + \xi \xi_i)(1 + \eta \eta_i)(1 + \zeta \zeta_i)/8 \quad (i = 1,\,2,\,\cdots,\,8) \qquad (4.39)$$

其中,ξ_i、η_i、ζ_i 分别表示 ξ、η、ζ 在节点 i 处的值。定义完形函数以后,按照 2.3.2

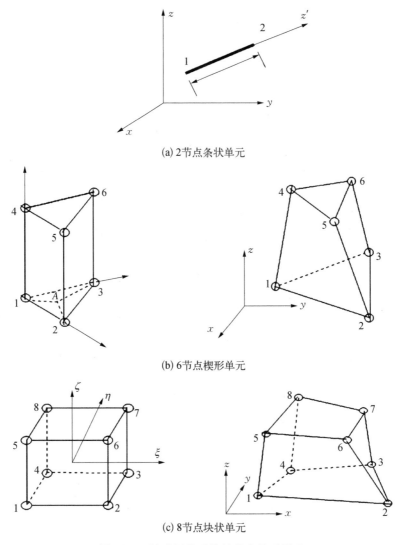

(a) 2节点条状单元

(b) 6节点楔形单元

(c) 8节点块状单元

图 4.32　被动调节系统的基本单元形式

节对服装的离散过程,对服装热湿传递模型方程进行离散,可以根据 n 时刻人体温度湿度边界条件及服装初始温度、湿浓度,通过解方程获得服装节点温度、蒸汽浓度及液态水体积分数变量在 $n+1$ 时刻的值。

对于人体模型的被动系统,其血压控制方程和含湿量控制方程一维单元离散。组装一维单元所形成的矩阵,可以分别解出各单元节点处的压力和含湿量。Galerkin 的组织、血液和空气能量方程可以用来解决人体被动系统中的热响应问题。通过直接刚度法,组装这些元素的方程,可得方程:

$$[K]\{T\} + [C]\left\{\frac{\partial T}{\partial t}\right\} = \{F\} \qquad (4.40)$$

其中, $[K]$ 表示传导刚度矩阵; $[C]$ 表示容量矩阵; $\{T\}$ 表示温度矢量; $\{F\}$ 表示代表边界条件和源项作用矢量。在时间域内对上述方程运用中心差分法, 可以获得下面的方程:

$$\left([C] + \frac{\Delta t}{2}[K]\right)\{T\}_{t+\Delta t} = \left([C] - \frac{\Delta t}{2}[K]\right)\{T\}_t + \Delta t\{F\}_t \qquad (4.41)$$

上述方程式是一个线性方程组, 可以由 t 时刻温度通过计算机解出在 $t + \Delta t$ 时刻的节点温度。

独立的解出人体和服装的方程, 互为边界条件, 随着时间步长进行交互, 这样我们就可以仅用初始值求出任意时刻的人体温度、热响应、服装温度和含湿量等参数。

2. 多层服装的求解方法

研究多层服装系统的关键在于确定各层服装之间的关系, 利用有限差分法处理起来十分的复杂, 然而, 利用有限单元法就要简便许多, 我们只需要定义空气层单元, 修改方程(4.35)中的物理参数, 就可以模拟各层服装之间的热湿传递过程。

对于空气层中的水蒸气质量平衡方程, 我们假设:

$$\varepsilon_a = 1,\ \tau_a = 1,\ \varepsilon_f = 0,\ \Gamma_{\lg} = 0 \qquad (4.42)$$

为了模拟空气层中的液态水传输过程, 我们定义:

$$D_l \to 0,\ \tau_l = 1,\ \varepsilon_l = 0,\ \varepsilon_f = 0,\ a = 0,\ \Gamma_{\lg} = 0 \qquad (4.43)$$

对于空气层中的能量传递, 有

$$c_v = c_{va},\ k_{\mathrm{mix},x} = k_a,\ k_{\mathrm{mix},y} = k_a + h_r \times \mathrm{thickness\_air},$$
$$k_{\mathrm{mix},z} = k_a,\ \varepsilon_f = 0,\ a = 0,\ \Gamma_{\lg} = 0 \qquad (4.44)$$

对于囊式抗荷服的气囊, 我们只需替换空气层的相关参数, 如下:

$$\varepsilon_a \to 0,\ c_v = c_{vb},\ k_{\mathrm{mix},x} = k_{\mathrm{mix},y} = k_{\mathrm{mix},z} = k_b \qquad (4.45)$$

其他参数同空气层的处理一致。

4.2.4　模型的验证和预测

1. 模型的验证

为了研究该模型的预测能力以及验证程序的正确性, 进行仿真实验模拟: 受试者裸身静坐在恒温43℃的环境中1h,然后转移到恒温18℃的环境中静坐2h,最后回到初始的43℃的环境中。实验数据从 Stolwijk 的论文[19]中获得,实验中测量了受试者的平均皮肤温度和直肠温度。从图4.33中我们可以看出人体体温调节模型有较好的动态预测能力。

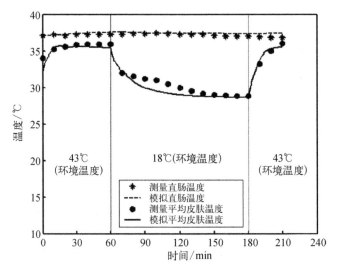

图4.33　皮肤和直肠温度的实验数据与模拟计算数据对比

　　为了研究该着装人体模型的预测能力,我们把预测数据和文献[16]中实验数据进行了对比。该实验在人工气候室中进行,所有的受试者都穿着同样的棉质短袖 T 恤和短裤,准备阶段受试者进入一个温度较低的房间(房间 A),身上穿着规定的实验服装并携带着热敏电阻。实验开始后,受试者转移到温度较高的房间 B 中,静坐20 min。房间 A 中环境温度为25℃,相对湿度为40%,空气流速为0.3m/s;房间 B 中环境温度为36℃,相对湿度为80%,空气流速为0.1 m/s。文献[16]中有详细的实验测量数据,所有的服装模拟计算参数都可以在文献[1]中找到,本文对该实验进行了仿真计算。图4.34 和图4.35 给出了躯干部皮肤温度和内层服装温度的计算数据与实验数据的对比情况,从图4.34 可以看出,躯干部皮肤的温度随时间持续变化。进入房间 B 后,由于从温度较高的外界环境中吸收热量,人体皮肤温度和服装温度都显著提升,躯干部皮肤温度的模型预测数据同实验数据有着相同的变化趋势,并且在实验数据允许的误差范围内。从图4.35 中,我们可以看出内层服装温度和皮肤温度很接近,进入房间 B 后 2 min 内温度迅速升高,其原因在于纤维的大量吸湿,空气中水蒸气冷凝放出的大量热量被服装吸收,另外房间 B 较高的温度是服装升温的直接原因。模拟计算的数据与实验数据具有相同的变化趋势,绝大部分的预测数据都在合理误差范围内。

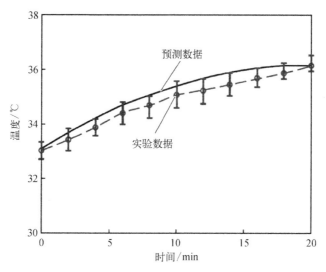

图 4.34 躯干部皮肤温度计算数据与实验数据对比

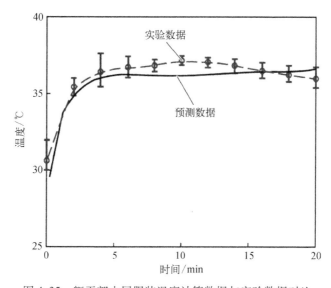

图 4.35 躯干部内层服装温度计算数据与实验数据对比

2. 模型预测

前面已经验证了人体体温调节模型和着装人体模型,现在我们可以运用这个模型来仿真计算着装人体的热湿传递性能。这里,我们模拟的是人体穿着多层服装系统。

开始阶段,穿着棉质衬衫、长裤和丙纶背心的人体模型在环境温度为 28℃,相对湿度为 65% 的环境中静立 15 min,达到平衡状态。然后,环境温度骤变为 43℃,

相对湿度变为80%,对人体和服装温度进行模拟计算,设定服装层和空气层的厚度都为2 mm,相关物理参数可从文献[30]中获得,图4.36和图4.37给出了不同时间段的温度分布。图4.36中给出了外界环境温度为28℃,相对湿度为65%时人体和服装平衡时的温度分布,从图4.36中可以看出,平衡阶段,服装的温度范围为29~30℃,人体皮肤的温度范围为32~35℃,人体内部温度在37℃附近,足部温度最低。

  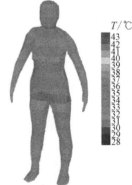

(a) 服装温度　　　　　　　(b) 人体表面温度　　　　　　　(c) 人体内部温度

图 4.36　在 28℃,65%RH 环境下的服装和人体平衡温度分布

(a) 服装温度　　　　　　　(b) 人体表面温度　　　　　　　(c) 人体内部温度

图 4.37　在 43℃,80%RH 环境下 5 min 时服装和人体的温度分布

　　过了平衡阶段后,外部环境温度改为43℃,相对湿度为80%。在该环境中5 min,如图4.37所示,服装和人体的温度分布情况,服装温度范围为39~42℃,人体皮肤温度为33~36℃,人体内部温度同样还是37℃左右,变化非常微小。

　　图4.38给出了水蒸气浓度变化,在初始阶段,着装人体模型在温度为28℃,相

对湿度为 65% 的外界环境中 15 分钟达到平衡时,服装内的水蒸气浓度分布几乎是均匀的,水蒸气浓度约为 0.014 kg/m³。接下来外界环境中,温度变为 43℃,相对湿度变为 65%,服装内的水蒸气浓度开始逐步增加,在第 5 min 达到 0.038 kg/m³ 左右,同时,不同部位的水蒸气浓度分布规律存在些许不同。

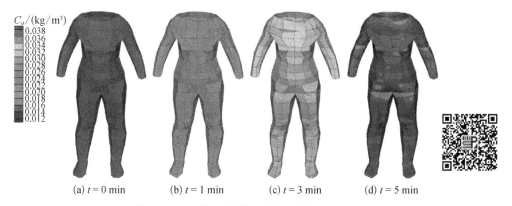

(a) $t = 0$ min　　(b) $t = 1$ min　　(c) $t = 3$ min　　(d) $t = 5$ min

图 4.38　水蒸气浓度随时间的变化

　　本节介绍了我们发展的一个 3D 着装人体有限元模型,与普通着装人体实验对比表明,该模型具有满意的精度。然后,利用该模型对人体穿着多层服装情况进行了模拟计算。

4.3　本 章 小 结

　　本章是多孔纤维材料热湿传递模型在普通服装热功能分析中的应用。主要介绍了 1－D 和 3－D 两种着装人体热湿传递模型体系。首先,改进了 25 节点人体模型,并与简单的多层服装模型、复杂的单层服装模型联合实现了 1－D 人、服装环境的动态模拟。考察了服装层数,不同材料特性对人体热响应的影响。从与实验结果的对比,看出了该模型的良好预测性能。从计算结果可以看出:① 增加服装层数,使皮肤表面温度、汗水积聚量以及服装内表面的温度增加。② 皮肤表面汗水的积聚量,从有到无这个过程严重影响着装人体的热湿交换过程。对于皮肤,蒸发热流减少,皮肤温度增加;对于服装,由于气体浓度降低使之解吸吸热同时自皮肤的蒸发热流减少导致服装温度降低。③ 服装材料对着装人体的影响也是十分重要的。一方面吸湿性大的纤维吸湿时导致服装温度升高较大,解吸时使服装温度降低也较大,即服装的温度变化的绝对值较大,皮肤温度变化的绝对值也大,由于皮肤的温度变化小于服装的温度变化,从而使得穿吸湿性大的纤维做的服装皮肤干热损失的绝对值大。受皮肤温度变化控制的血流率以及出汗率,在纤维吸湿阶段,吸湿性大的纤维引起的血流率和出汗率大,在解吸阶段,吸湿性大的纤维引起

的血流率和出汗率小。最后,介绍了作者发展的 3 - D 着装人体模型,实现了着装
人体热湿传递模型的 3D 模拟。这一模型可以很好地体现人体几何形状对传热影
响,整个循环系统、呼吸系统的传热和传湿过程,更接近真实的物理过程。和集总
参数模型相比,有限元模型由于模型相对复杂,可提供的信息较多,需要计算量自
然也大。客观地说,在接近真实几何、物理结构和物理机制方面,目前的有限元人
体热调节模型还有进一步改进的空间。

参 考 文 献

[1] Li F Z, Li Y. Effect of clothing material on thermal responses of human body. Modelling and Simulation in Materials Science and Engineering, 2005, 13: 809 - 827.

[2] Li Y, Li F Z, Liu Y X, et al. An integrated model for simulating interactive thermal processes in human-clothing system. Journal of Thermal Biology, 2004, 29(7 - 8): 567 - 575.

[3] Li F Z, Li Y, Wang Y. A 3D finite element thermal model for clothed human body. Journal of Fiber Bioengineering and Informatics, 2013, 6S(2): 149 - 160.

[4] 李凤志,刘迎曦,罗钟铉,等. 一种着装人体动态热湿传递模拟方法. 计算力学学报,2006 (4): 429 - 433.

[5] Stolwijk J A J, Hardy J D. Control of body temperature. Handbook of Physiology-Reaction to Environmental Agents, 1977: 45 - 67.

[6] Jones B W, Ogawa Y. Transient interaction between the human and the thermal environment. ASHRAE Trans, 1992, 98(1): 189 - 195.

[7] Gagge A P, Nishi Y. Heat exchange between human skin surface and thermal environment. Handbook of Physiology-Reaction to Environmental Agents, 1977, 69 - 92.

[8] Fanger P O. Thermal comfort. New York: McGraw-Hill, 1973, 28 - 30.

[9] Tanabe S, Kobayashi K. Evaluation of thermal comfort using combined multi-node thermoregulation (65MN) and radiation models and computational fluid dynamics (CFD). Energy and Buildings, 2002, 34(6): 637 - 646.

[10] Henry P S H. Diffusion in absorbing media. Proccedings of the Royal Society of London, 1939, 171: 215 - 241.

[11] David H G, Nordon P. Case studies of coupled heat and moisture diffusion in wool beds. Textile Research Journal, 1969, 39: 166 - 172.

[12] Li Y, Holcombe B V. Mathematical simulation of heat and mass transfer in a human-clothing-environment. Textile Research Journal, 1998, 67: 389 - 397.

[13] Li Y, Luo Z X. A improved mathematical simulation of the coupled diffusion of moisture and heat in wool fabric. Textile Research Journal, 1999, 69(10): 760 - 768.

[14] Yigit A. The computer-based human thermal model. International Communications in Heat and Mass Transfer, 1998, 25(7): 969 - 977.

[15] Li Y, Zhu Q Y. A model of coupled liquid moisture and heat transfer in porous textiles with consideration of gravity. Numerical heat transfer, 2003, 43(5): 501 - 523.

[16] Umeno T, Hokoi S, Takada S. Prediction of skin and clothing temperatures under thermal

transient considering moisture accumulation in clothing. ASHRAE Trans. , 2001, 107: 71－81.

[17] Smith C E. A transient, three-dimensional model of the human thermal system. Kansas: Kansas State University, 1991.

[18] Fu G. A transient, 3－D mathematical thermal model for the clothed human. Kansas: Kansas State Univerisity, 1995.

[19] Stolwijk J A J, Hardy J D. Temperature regulation in man — a theoretical study. Pflügers Archiv Für Die Gesamte Physidogie Des Menschen Und Der Tiere, 1966, 291: 129－162.

第5章　含相变微胶囊的多孔纤维材料热湿传递模型及其在服装热功能分析中的应用

第4章针对普通的多孔纤维材料热湿传递模型及其在服装中的应用做了阐述。为了改进服装的热舒适性,相变材料常常被添加到服装中。相变材料(phase change material,PCM)是利用相变过程中吸收或释放热量来进行潜热储能的物质,其相变过程是伴随有较大能量吸收或释放的等温或近似等温过程。这种相变特征使相变材料具有广泛的应用基础。20世纪80年代,美国NASA应用微胶囊技术将PCM包装于微胶囊中,并添加于纤维或纺织品中,制成了具有良好的温度调节功能的航天服。这种附加相变微胶囊的纺织品一经出现,在纺织研究领域引起了极大轰动。研究者先后采用各种实验手段合成含有相变材料的纤维或多孔纤维材料,如灌注法[1]、涂层法[2]、微胶囊化法[3]等。在多孔纤维-相变微胶囊复合材料热特性理论研究方面,Hittle和Andre[4]研究了相变材料对干多孔纤维材料的影响。Nuckols[5]建立了干的含有微胶囊的潜水服的分析模型。事实上,大多数天然纤维都具有吸湿性,而吸湿量对多孔纤维材料的热容和导热率有很大影响,同时吸湿/放湿伴随潜热的释放/吸收。Li和Zhu[6]发展了一个考虑纤维吸湿性的含相变微胶囊的多孔纤维材料数学模型,但模型中相变过程考虑为一个移动边界问题,相变温度被考虑成一个点。事实上,应用于服装上的PCM大多数是石蜡的混合物,相变发生在一定温度范围,而不是一个点[7]。本章将首先介绍考虑相变温度范围的含相变微胶囊的多孔纤维材料热湿传递模型[8-12],包括单一种类和多种类的相变微胶囊模型,然后利用着装人体模型分析人体穿着含相变材料服装的热响应[13-15],最后,通过模型分析飞行员穿着含相变材料的抗荷服时的热响应并采用正交分析法对相变材料特性参数进行优化[16-18]。

5.1　含单一种类相变微胶囊的多孔纤维材料中的热湿传递

5.1.1　理论模型和数值方法

1. 基本假设

多孔纤维-相变微胶囊复合材料扫描电镜照片如图5.1所示。为了建立数学模型,如图 5.2 所示,考虑一厚度为 L 的竖直放置的附加相变微胶囊多孔纤维材料薄片,坐标原点在最左边,Ox 轴自左至右。在一个 REV 中,包含有三种组分:孔隙内的湿空气、纤维、相变微胶囊。根据多孔纤维材料和微胶囊的实际特点,本书做如下假设:

1)多孔纤维材料处于局部热力平衡状态,即多孔纤维材料内各点温度是空间和时间的函数,与所处的(固、气)状态无关;

2)多孔纤维材料内各相及相变微胶囊分布均匀;

3)微胶囊是具有均一半径的圆球;球内热传输模式是传导;

4)多孔纤维材料内热湿传递为一维,即沿 Ox 方向。

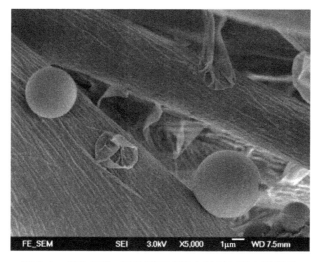

图 5.1　多孔纤维-相变微胶囊复合材料扫描电镜照片

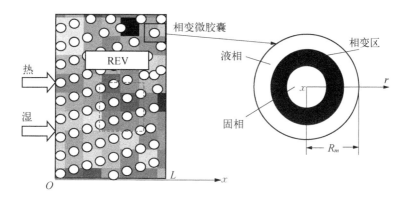

图 5.2　附加相变微胶囊多孔纤维材料截面示意图

2. 含相变微胶囊的多孔纤维材料热湿传递控制方程

根据上面假设,由含相变微胶囊的多孔纤维材料内水蒸气质量守恒定律,有

$$\varepsilon_a \frac{\partial C_a(x,\,t)}{\partial t} + \varepsilon_f \frac{\partial C_f(x,\,t)}{\partial t} = \frac{\partial}{\partial x}\left[\frac{D_a \varepsilon_a}{\tau}\frac{\partial C_a(x,\,t)}{\partial x}\right] \tag{5.1}$$

根据能量守恒定律:

$$c_v \frac{\partial T(x,\,t)}{\partial t} - \lambda \varepsilon_f \frac{\partial C_f(x,\,t)}{\partial t} = \frac{\partial}{\partial x}\left[k\frac{\partial T(x,\,t)}{\partial x}\right] + h_e S_v [T_m(x,\,R_m,\,t) - T(x,\,t)]$$
$$\tag{5.2}$$

在方程(5.1)和(5.2)中,ε_a、ε_f 分别表示多孔纤维材料中孔隙和纤维所占体积分数;$C_a(x,\,t)$、$C_f(x,\,t)$ 分别表示在 x 位置 t 时刻多孔纤维材料微元内水蒸气在孔隙中和纤维中的浓度;D_a 是水蒸气在空气中的扩散系数;τ 是水蒸气通过多孔纤维材料的曲折因子;$T(x,\,t)$ 是 x 位置 t 时刻多孔纤维材料的温度;c_v、λ 和 k 分别表示多孔纤维材料的体积热容、纤维对水蒸气吸附/解吸热和多孔纤维材料的导热率,它们都是纤维含水量的函数;h_e 表示相变微胶囊表面与多孔纤维材料的单位面积综合换热系数;$T_m(x,\,R_m,\,t)$ 是 x 位置 t 时刻微胶囊表面(即半径为 R_m 处)的温度;S_v 是相变微胶囊在微元体中的比面积,它是相变微胶囊半径 R_m 和体积分数 ε_m 的函数:

$$S_v = \frac{3}{R_m}\varepsilon_m \tag{5.3}$$

除多孔纤维材料的结构参数和材料物性参数外,方程(5.1)和(5.2)中含有 $C_a(x,\,t)$、$C_f(x,\,t)$、$T(x,\,t)$、$T_m(x,\,R_m,\,t)$ 四个未知量,因此必须增加 2 个方程用于确定纤维内平均蒸气浓度 $C_f(x,\,t)$ 和相变微胶囊表面温度 $T_m(x,\,R_m,\,t)$。纤维内平均蒸气浓度 $C_f(x,\,t)$ 的确定方法同 2.1.2 节。下面介绍微胶囊表面温度的确定方法。

3. 微胶囊表面温度确定

一般来说,相变材料都是非纯物质,由于杂质的存在,使得相变温度不是一个点,而是一个范围。本节对相变问题采用熟知的显热容法处理。类似处理纤维的方法,一个球心位置在多孔纤维材料内 x 点处、半径为 R_m 的相变微胶囊球体(图5.2),其热平衡方程为

$$\tilde{C} \frac{\partial T_m(x, r, t)}{\partial t} = \frac{1}{r^2} \frac{\partial}{\partial r} \left[\tilde{k} r^2 \frac{\partial T_m(x, r, t)}{\partial r} \right] \qquad (5.4)$$

其中, $\tilde{C}$、$\tilde{k}$ 是等效热容和热传导率,它们都是相变潜热以及各相含量的函数, $T_m(x, r, t)$ 是相变材料的温度,它是相变微胶囊在多孔纤维材料中位置 x、微胶囊径向位置 r 和时间 t 的函数。根据所选用的相变材料特性,等效热容定义为

$$\tilde{C} = \begin{cases} C_s & T_m < T_a \\ \dfrac{2\rho_m \Delta H}{(T_c - T_a)(T_b - T_a)}(T_m - T_a) + \varepsilon_{ms} C_s + \varepsilon_{ml} C_l & T_a \leqslant T_m \leqslant T_b \\ \dfrac{2\rho_m \Delta H}{(T_c - T_a)(T_c - T_b)}(T_c - T_m) + \varepsilon_{ms} C_s + \varepsilon_{ml} C_l & T_b < T_m \leqslant T_c \\ C_l & T_m > T_c \end{cases}$$

$$(5.5)$$

其中, T_a、T_b、T_c 表示相变的特征温度, T_a 和 T_c 分别为相变区间的下限和上限, T_b 为峰值温度; ΔH 是相变区间内 $[T_a, T_c]$ 总的潜热; C_s、C_l 是 PCM 固相和液相的热容; ρ_m 是 PCM 的密度, ε_{ml}、ε_{ms} 分别为相变范围内液、固体积分数,它们由特征温度和当前温度确定。

等效热传导率可以表示成下面分段函数:

$$\tilde{k} = \begin{cases} k_s & T_m < T_a \\ \varepsilon_{ms} k_s + \varepsilon_{ml} k_l & T_a \leqslant T_m \leqslant T_c \\ k_l & T_m > T_c \end{cases} \qquad (5.6)$$

其中, k_s、k_l 分别是 PCM 在固相和液相时的热传导率。

在 PCM 微胶囊外表面:

$$-\tilde{k} \left. \frac{\partial T_m(x, r, t)}{\partial r} \right|_{r=R_m} = h_e \{ T_m(x, R_m, t) - T(x, t) \} \qquad (5.7)$$

在微胶囊的中心点,使用对称边界条件:

$$-\tilde{k} \left. \frac{\partial T_m(x, r, t)}{\partial r} \right|_{r=0} = 0 \qquad (5.8)$$

PCM 微胶囊的初始条件:

$$T_m(x, r, 0) = T_{m0} \qquad (5.9)$$

根据方程(5.4)~(5.9),可以获得 PCM 微胶囊内任意一点的温度,从而微胶囊表面温度可定。含相变微胶囊的多孔纤维材料的初始及边界条件的提法与普通多孔纤维材料的提法相同。

4. 模型数值解

控制体-时域有限差分法用于求解控制方程。详细的离散过程可参考 2.3.1 节普通多孔纤维材料热湿耦合模型求解。本节仅针对相变微胶囊的离散过程进行介绍。对于 PCM 微胶囊的方程,我们可以把 PCM 微胶囊半径 R_m 分为 M 等份,每等份为 $\Delta r = \dfrac{R_m}{M}$。控制体积示意图如图 5.3 所示。

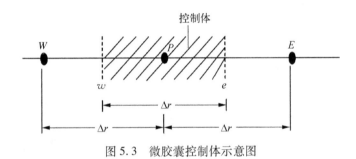

图 5.3　微胶囊控制体示意图

对于任意一个微胶囊:

$$\tilde{C} \frac{\partial T_m(x,\,r,\,t)}{\partial t} = \frac{\partial}{\partial r}\left[\tilde{k}\,\frac{\partial T_m(x,\,r,\,t)}{\partial r}\right] + \frac{2}{r}\tilde{k}\,\frac{\partial T_m(x,\,r,\,t)}{\partial r} \qquad (5.10)$$

对其在控制体 P 中积分:

$$\int \tilde{C} \frac{\partial T_m(x,\,r,\,t)}{\partial t}\mathrm{d}r = \left[\tilde{k}\,\frac{\partial T_m(x,\,r,\,t)}{\partial r}\right]_e - \left[\tilde{k}\,\frac{\partial T_m(x,\,r,\,t)}{\partial r}\right]_w +$$
$$\left[\frac{2}{r}\tilde{k}\,\frac{\partial T_m(x,\,r,\,t)}{\partial r}\right]_P \Delta r \qquad (5.11)$$

如果 P 点不在边界上离散方程为

$$-\frac{\Delta t}{(\Delta r)^2}\left(\tilde{k}_w^n - \frac{\tilde{k}_P^n}{P}\right) T_{mW}^{n+1} + \left[\frac{\Delta t}{(\Delta r)^2}(\tilde{k}_w^n + \tilde{k}_e^n) + \tilde{C}_P^n\right] T_{mP}^{n+1} -$$
$$\frac{\Delta t}{(\Delta r)^2}\left(\tilde{k}_e^n + \frac{\tilde{k}_P^n}{P}\right) T_{mE}^{n+1} = \tilde{C}_P^n T_{mP}^n \qquad (5.12)$$

如果控制体 P 位于外边界,由于积分区域是半部分内控制体,那么方程可以离散成:

$$-\tilde{k}^n_{(M-1/2)}\frac{2\Delta t}{(\Delta r)^2}T^{n+1}_{mM-1}+\left[\tilde{k}^n_{(M-1/2)}\frac{2\Delta t}{(\Delta r)^2}+\frac{2\Delta t}{\Delta r}h_T\left(1+\frac{1}{M}\right)+\tilde{C}^n_M\right]T^{n+1}_{mM}$$

$$=\tilde{C}^n_M T^n_{mM}+\frac{2\Delta t}{\Delta r}h_e\left(1+\frac{1}{M}\right)T^n \tag{5.13}$$

如果控制体 P 位于球心,方程可以离散为

$$\left[\tilde{C}^n_0+\frac{6\tilde{k}^n_{1/2}\Delta t}{(\Delta r)^2}\right]T^{n+1}_{m0}-\frac{6\tilde{k}^n_{1/2}\Delta t}{(\Delta r)^2}T^{n+1}_{m1}=\tilde{C}^n_0 T^n_{m0} \tag{5.14}$$

5.1.2　模型验证和多孔纤维材料特性分析

为了验证模型的有效性,这里模拟了一个实验过程。实验材料由 2 片 2.2 mm 的含有相变微胶囊的涤纶多孔纤维材料和 2 片不含微胶囊的同样多孔纤维材料组成。微胶囊半径为 5 μm,在多孔纤维材料中的体积分数为 0.035。温度传感器设在两片多孔纤维材料中间,然后缝上多孔纤维材料使之接触良好。设定 2 种实验环境:① 温度为 35.0℃,相对湿度为 40%;② 温度为 5.0℃,相对湿度为 40%。初始状态,将两种样品同时放到环境①使之平衡。然后迅速将样品转移到环境②,打开传感器开始记录温度,816 s 后,将其迅速转移至环境①,延续 600 s。含有 PCM 和不含有 PCM 的两种多孔纤维材料中间点温度分别记录了下来。实验中相变材料使用的是十八烷,其特征温度以及相变潜热是加热/冷却率的函数。本文计算中使用的是对十八烷 DSC 测试结果的回归分析得到的关系式,见表 5.1。相变材料的其他物性取自文献[6],见表 5.2。多孔纤维材料基材特性参数见表 5.3,吸湿等温特性见图 5.4。

表 5.1　十八烷特征温度以及相变潜热与加热/冷却率关系

	加 热 过 程	冷 却 过 程
$T_a/℃$	$0.000\,2x^2-0.007\,2x+22.283\,8$	$0.040\,3x^2-18.032x+18.407\,9$
$T_b/℃$	$0.004\,7x^2+0.384\,7x+25.776\,4$	$0.005\,4x^2-0.417\,3x+18.745\,4$
$T_c/℃$	$-0.014\,9x^2-0.748\,9x+25.511\,5$	$0.002\,6x^2-0.271\,9x+19.813\,4$
$\Delta H/(kJ/kg)$	$0.039\,4x^2-0.301\,1x+124.046\,7$	$0.036\,8x^2-0.050\,5x+100.105\,0$

表中 x 是加热率或冷却率(模型中即为多孔纤维材料温度变化率),单位为℃/min;公式适用范围 $x\in[0,30]$

表 5.2　十八烷其他物性参数

十八烷	密度/ (kg/m³)	固相比热/ [kJ/(kg·℃)]	液相比热/ [kJ/(kg·℃)]	液相导热率/ [W/(m·℃)]	固相导热率/ [W/(m·℃)]
$C_{18}H_{38}$	779.0	1.9	2.2	0.3	0.4

表 5.3　多孔纤维材料基材特性参数

参数	符号	单位	纯棉	涤纶
纤维内蒸汽扩散系数[7]	D_f	m²/s	6.0×10^{-13}	3.9×10^{-13}
空气中蒸汽扩散系数[4]	D_a	m²/s	2.5×10^{-5}	2.5×10^{-5}
多孔纤维材料体积热容[7]	C_v	kJ/ (m³·K)	$4.184 \times 10^3 \times 1.5 \times (0.32 + w_c)/(1 + w_c)$	$4.184 \times 10^3 \times 1.38 \times (0.32 + w_c)/(1 + w_c)$
多孔纤维材料热传导率[8]	k	W/ (m·K)	$(44.1 + 63.0 w_c) \times 10^{-3}$	$(44.1 + 23.0 w_c) \times 10^{-3}$
纤维吸附热[9]	λ	kJ/kg	$1\,030.9\exp(-22.39 w_c) + 2\,522.0$	2 522
纤维密度[3]	ρ_f	kg/m³	1 550	1 380
纤维半径	R_f	m	1.03×10^{-5}	1.0×10^{-5}
多孔纤维材料孔隙率	ε	—	0.88	0.88

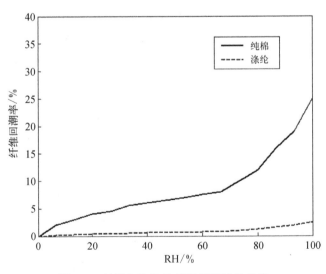

图 5.4　纯棉和涤纶的吸湿等温特性曲线

本书模型预测结果和实验比较如图 5.5 所示。从图 5.5 可以看出无论是对含有 PCM 的多孔纤维材料，还是对不含 PCM 的多孔纤维材料；无论是在 PCM 熔解过程，还是凝固过程理论预测和实验结果都符合较好。在环境降温过程和环境升温过程,相变微胶囊都具有延迟多孔纤维材料温度变化的作用。对于含有 PCM 微胶囊的多孔纤维材料,环境温度从 35℃ 到 5℃,多孔纤维材料温度下降,引起 PCM 微胶囊温度下降,当达到其凝固温度范围时,PCM 微胶囊开始凝固,并放出热量,阻止多孔纤维材料温度继续降低;当环境温度从 5℃ 到 35℃ 时,多孔纤维材料温度升高,引起 PCM 微胶囊温度升高,当达到其熔解温度范围时,PCM 微胶囊开始熔解,并从多孔纤维材料吸收热量,阻止多孔纤维材料温度继续升高。

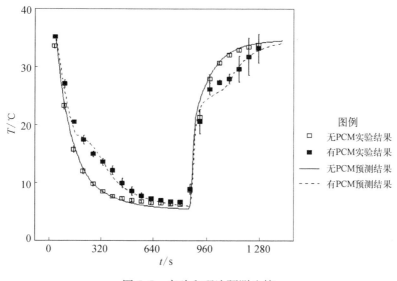

图 5.5　实验和理论预测比较

1. 纤维吸湿性的影响

为了考察纤维的吸湿性对多孔纤维-相变微胶囊复合材料热湿特性的影响,改变多孔纤维材料基材重新模拟上一节的实验过程,下面比较了纯棉和涤纶多孔纤维-相变微胶囊复合材料的热湿行为。计算中的基材参数见表 5.3。

图 5.6 给出了水蒸气浓度在多孔纤维材料中的分布,可以看出由于环境蒸气浓度从高浓度(35℃,40%RH)到低浓度(5℃,40%RH)再回到高浓度的过程中,不同基材的多孔纤维相变微胶囊复合材料中水蒸气浓度变化。环境由高浓度到低浓度,具有高吸湿性的纯棉基材,由于放湿,多孔纤维材料中水蒸气浓度变化较低吸湿性的涤纶基材有延迟;同样环境由低浓度到高浓度,具有高吸湿性的纯棉基材,由于吸湿,多孔纤维材料中水蒸气浓度变化较低吸湿性的涤纶基材也有延迟。

图 5.7 给出了纤维中含水量的分布。在环境瞬变初期,环境由高浓度到低浓度,具有高吸湿性的纯棉基材,由于放湿,多孔纤维材料中纤维含水量较低吸湿性

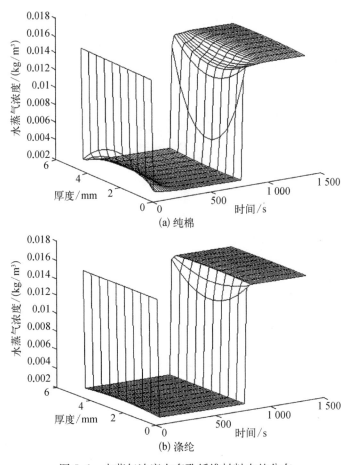

图 5.6　水蒸气浓度在多孔纤维材料中的分布

的涤纶基材减少得多;同样,环境由低浓度到高浓度,具有高吸湿性的纯棉基材,由于吸湿,多孔纤维材料中纤维含水量较低吸湿性的涤纶基材增加得多。纤维吸湿还是放湿取决于自身的含湿量和周围环境相对湿度。环境瞬变初期结束后,两种基材纤维含水量都有与初期变化相反的趋势,这是由于纤维周围水蒸气的相对湿度受温度变化影响。

　　图 5.8 给出了纤维的水蒸气吸附热。很明显,吸附热的分布与纤维含水量分布相一致,如图 5.8 所示。相比于涤纶纤维,纯棉纤维具有更高的吸附热生成。

　　图 5.9 给出了从相变微胶囊获得的热传输率分布。在冷却过程的初始阶段 [从(35℃,40%RH)到(5℃,40%RH)],从相变微胶囊获得的热传输率增加,这是因为相变微胶囊与多孔纤维材料之间存在较大温差。随后从相变微胶囊获得的热传输率降低,这是由于相变微胶囊与多孔纤维材料平衡。50 s 后,当达到相变材料结晶温度范围时,热传输率增加,这是因为存储在相变材料内的能量开始释

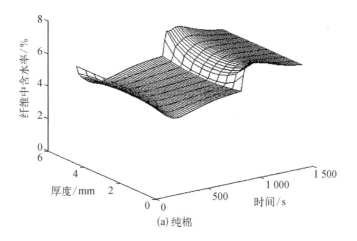

(a) 纯棉

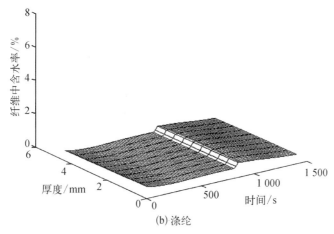

(b) 涤纶

图 5.7 纤维含水量的分布

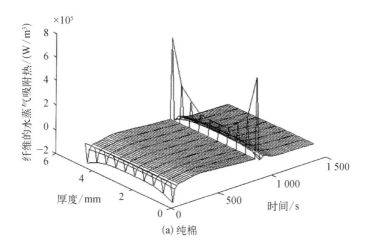

(a) 纯棉

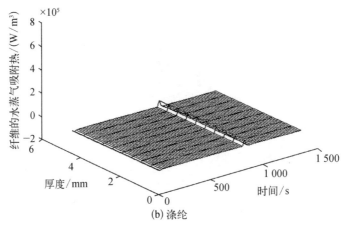

图 5.8　纤维水蒸气吸附热

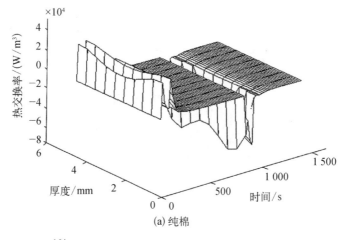

(a) 纯棉

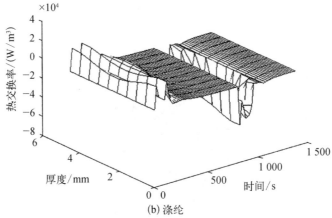

(b) 涤纶

图 5.9　从相变微胶囊获得热传输率分布

放。相反的过程可以在加热过程［从(5℃,40%RH)到(35℃,40%RH)］中被发现。相比涤纶多孔纤维材料,纯棉多孔纤维材料具有较高的热交换率,这是因为较大的吸附/解吸热引起相变微胶囊与多孔纤维材料之间大的温差。

图5.10给出多孔纤维材料中间部位纤维吸附热与从相变微胶囊获得热对比。可以看出无论是冷却还是加热过程,纯棉纤维吸附热生成与相变材料和多孔纤维材料热交换率具有相同的作用周期,但涤纶纤维却有所不同。相变微胶囊的延迟作用与纤维吸附热互为反作用。

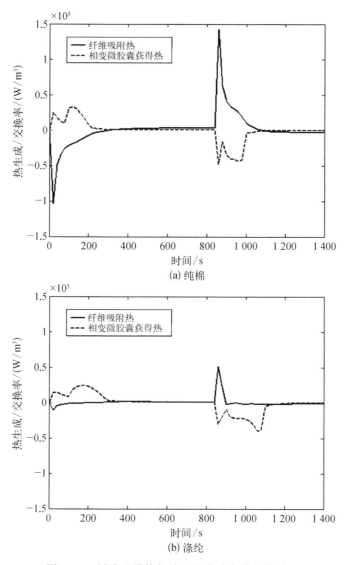

图5.10　纤维吸附热与从相变微胶囊获得热对比

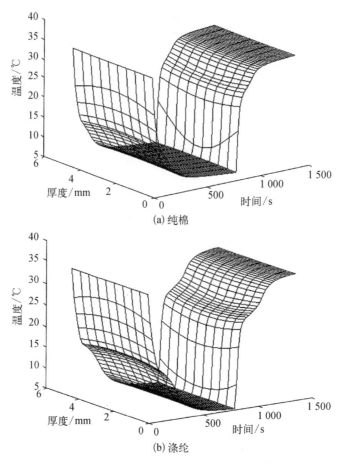

图 5.11　温度在多孔纤维材料中的分布

图 5.11 给出了不同基材多孔纤维材料内部温度变化,可以看出,在该环境条件下,对具有较大吸湿性的纯棉基材组成的多孔纤维材料-相变微胶囊复合材料,相变微胶囊对温度变化的延迟作用明显不如吸湿性小的涤纶基材组成的多孔纤维复合材料。原因在于从高蒸气浓度到低浓度初期,纯棉纤维放湿吸收较多热量抵消了相变材料降温过程中凝结放出的部分热量,而在从低浓度到高浓度初期,纯棉纤维吸湿释放较多热量抵消了相变材料升温过程中熔化吸收的部分热量。

2. PCM 微胶囊半径的影响

为了考察 PCM 微胶囊半径对多孔纤维材料热湿性能的影响,仍模拟 5.1 节的实验条件,采用纯棉多孔纤维材料作为基材,不同的是模拟中使用不同的微胶囊半径,模拟的多孔纤维材料中心处温度和含水量见图 5.12 和图 5.13。从图 5.12 可以看出相同的 PCM 含量,不同的半径对多孔纤维材料热特性的影响。在冷环境降温阶段,小半径 PCM 微胶囊对多孔纤维材料温度下降的延迟效果要好于大半径的微胶囊。这是因为 PCM 微胶囊的半径小、比面积大,所以整体对多孔纤维材料的作用就大。此外,小半径微胶囊比大半径微胶囊在多孔纤维材料中起延迟作用早,即小半径微胶囊($R_m = 5~\mu m$)在多孔纤维材料温度降至 18℃就起了明显作用,而大半径微胶囊($R_m = 50~\mu m$)在多孔纤维材料温度降至 17℃才起明显作用。原因在于小半径微胶囊具有较大的比面积,其与多孔纤维材料热交换率受多孔纤维材料温度影响较大,在多孔纤维材料温度降至一定程度时,小半径微胶囊内部的部分区域

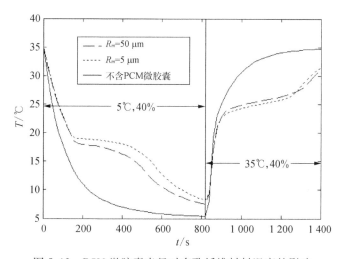

图 5.12 PCM 微胶囊半径对多孔纤维材料温度的影响

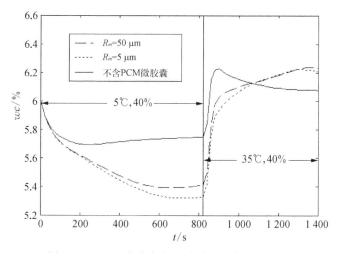

图 5.13 PCM 微胶囊半径对纤维含水量的影响

就已经达到凝固范围,放出潜热。而大半径微胶囊由于小的比面积,与多孔纤维材料热交换率相对要小,因此其内部区域达到凝固温度范围,要比小半径慢。多孔纤维材料在升温阶段,初始一段时间小半径 PCM 微胶囊对多孔纤维材料温度上升的延迟效果要好于大半径的微胶囊,原因在于半径小、比面积大,对多孔纤维材料整体影响大。但后来影响趋势相反,这是因为小半径的 PCM 微胶囊熔化快,当其完全熔化对多孔纤维材料就没有作用了。图 5.13 给出了微胶囊半径对多孔纤维材料内纤维含水量变化的影响。可以看出,在降温阶段,含较小半径 PCM 微胶囊的多孔纤维材料纤维含水量低。因为当环境改变时,由于蒸气的扩散作用,多孔纤维材料内部蒸气浓度很快与环境空气的蒸气浓度达到一致,而在相同绝对浓度条件下,相对湿度变化和温度变化趋势是相反的。在降温阶段,PCM 半径越小,多孔纤维材料温度越高,纤维周围空气的相对湿度越低。纤维含水量的变化是与原始含水量和周围环境相对湿度直接相关的,在解吸过程中,相对湿度越低,纤维含水量就会越低。同样的解释适合升温阶段。

3. PCM 微胶囊含量的影响

为了考察 PCM 微胶囊含量对多孔纤维材料热湿性能的影响,仍模拟上一小节的实验条件,不同的是模拟中使用不同的微胶囊含量,模拟的多孔纤维材料中心处温度见图 5.14。可以看出,PCM 含量越多对温度变化延迟作用越明显。不同 PCM 纤维含水量的变化见图 5.15,可以看出最终温度越高纤维含水量越低,原因同上一小节的解释。

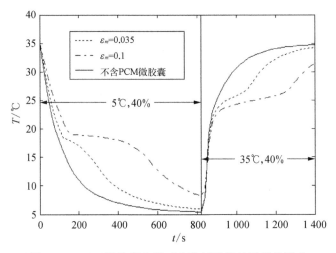

图 5.14 PCM 微胶囊含量对多孔纤维材料温度的影响

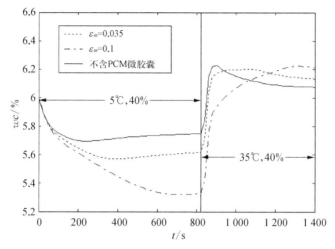

图 5.15 PCM 微胶囊含量对纤维含水量的影响

5.1.3 分析结论

多孔纤维材料内的热湿传递过程是复杂的热湿耦合过程。本文采用数值模拟方法,研究了相变材料对多孔纤维材料热湿传递过程的影响。实验表明模型具有良好的预测精度。从模拟结果中获得如下结论:

1)纤维的吸湿/放湿潜热严重影响相变微胶囊对多孔纤维材料温度的作用效果,在多孔纤维材料相变微胶囊复合材料设计中应引起足够的重视。

2)在多孔纤维材料中附加相变材料,当温度达到相变材料的相变温度范围时,可以延迟其温度变化,并影响纤维内部含水量的变化,且最后多孔纤维材料温度越高,纤维含水量越低。

3)PCM 微胶囊半径越小,对多孔纤维材料温度变化的延迟幅度越大,但可能导致延迟时间缩短。

4)PCM 含量越多,对多孔纤维材料温度变化的延迟作用越明显。

本书模型从多孔纤维材料的最基本结构纤维考虑起,考虑了纤维吸湿/解吸过程,相变微胶囊的半径大小、相变微胶囊的含量等众多因素,可以用于含 PCM 微胶囊的纺织产品的优化设计。

5.2 含多种相变微胶囊的多孔纤维材料中的热湿传递

5.1 节讨论了含一种相变微胶囊的多孔纤维材料的热湿传递模型及多孔纤维

材料特性,有时为了服装热功能调节,需要在多孔纤维材料中加入多种相变微胶囊,本节在 5.1 节模型基础上发展了含多种相变微胶囊的多孔纤维材料热湿传递模型。

5.2.1　理论模型

为了建立相应的数学模型,我们假设一个表征单元,纤维、多种 PCM 微胶囊、包含水蒸气的孔隙共同占有该表征单元空间,纤维和微胶囊都具有均一的半径。当存在温度梯度和蒸汽浓度梯度时,类似 5.1.1 节中表征性单元内发生的物理过程,可以通过下面的数学方程来描述。

1. 含多种相变微胶囊的多孔纤维材料热湿传递控制方程

根据质量和能量守恒定律,有

$$\varepsilon_a \frac{\partial C_a}{\partial t} + \varepsilon_f \frac{\partial C_f}{\partial t} = \frac{\partial}{\partial x}\left(\frac{D_a \varepsilon_a}{\tau}\frac{\partial C_a}{\partial x}\right) \tag{5.15}$$

$$c_v \frac{\partial T(x,\,t)}{\partial t} - \lambda \varepsilon_f \frac{\partial C_f(x,\,t)}{\partial t} = \frac{\partial}{\partial x}\left[k\frac{\partial T(x,\,t)}{\partial x}\right] + h_e \sum_{i=1}^{N} S_{vi}\left[T_{mi}(x,\,R_{mi},\,t) - T(x,\,t)\right] \tag{5.16}$$

h_e 表示相变微胶囊表面与多孔纤维材料的单位面积综合换热系数;N 是微胶囊种类数,$T_{mi}(x,\,R_m,\,t)$ 是第 i 类微胶囊表面的温度;S_{vi} 是第 i 类相变微胶囊在微元体中的比面积,它是相变微胶囊半径 R_{mi} 和体积分数 ε_{mi} 的函数:

$$S_{vi} = \frac{3}{R_{mi}}\varepsilon_{mi} \tag{5.17}$$

除多孔纤维材料的结构参数和材料物性参数外,方程(5.15)和(5.16)中含有 C_a、C_f、T、$T_{mi}(x,\,R_{mi},\,t)$ 四个未知量,因此必须增加 2 个方程用于确定纤维内平均蒸气浓度 C_f 和相变微胶囊表面温度 $T_{mi}(x,\,R_{mi},\,t)$。上节中介绍了这些量的确定方法,这里仍沿用该方法。下面着重说明确定不同种类微胶囊表面温度 $T_{mi}(x,\,R_{mi},\,t)$ 的确定方法。

2. 微胶囊表面温度确定

一般来说,相变材料相变温度不是一个点,而是一个范围。本文对相变问题采用显热容法处理,考虑一个在多孔纤维材料内 x 点处,有一个半径为 R_{mi} 的第 i 类相变微胶囊球体,热平衡方程为

$$\tilde{C}_i \frac{\partial T_{mi}(x, r, t)}{\partial t} = \frac{1}{r^2} \frac{\partial}{\partial r}\left[\tilde{k}_i r^2 \frac{\partial T_{mi}(x, r, t)}{\partial r}\right] \tag{5.18}$$

其中，$\tilde{C}_i$ 和 $\tilde{k}_i$ 分别是第 i 类相变材料的等效热容和热传导率；T_{mi} 是第 i 类相变材料的温度，它是相变微胶囊在多孔纤维材料中的位置 x、微胶囊径向位置 r 和时间 t 的函数。等效热容定义为

$$\tilde{C}_i = \begin{cases} C_{si}, & T_{mi} < T_{ai} \\[2mm] \dfrac{2\rho_{mi}\Delta H_i}{(T_{ci} - T_{ai})(T_{bi} - T_{ai})}(T_{mi} - T_{ai}) + \varepsilon_{si}C_{si} + \varepsilon_{li}C_{li}, & T_{ai} \leqslant T_{mi} \leqslant T_{bi} \\[2mm] \dfrac{2\rho_{mi}\Delta H_i}{(T_{ci} - T_{ai})(T_{ci} - T_{bi})}(T_{ci} - T_{mi}) + \varepsilon_{si}C_{si} + \varepsilon_{li}C_{li}, & T_{bi} < T_{mi} \leqslant T_{ci} \\[2mm] C_{li}, & T_{mi} > T_{ci} \end{cases} \tag{5.19}$$

其中，T_{ai}、T_{bi}、T_{ci} 表示第 i 类相变材料的相变特征温度。T_{ai} 和 T_{ci} 分别为相变区间的下限和上限，T_{bi} 是峰值温度；ΔH_i 是相变区间内 $[T_{ai}, T_{ci}]$ 总的潜热；C_{si}、C_{li} 分别是第 i 类 PCM 固相和液相的热容；ρ_{mi} 是第 i 类 PCM 的密度，ε_{li}、ε_{si} 分别为相变范围内液、固体积分数，它们由下式确定：

$$\varepsilon_{li} = \frac{(T_{mi} - T_{ai})^2}{(T_{ci} - T_{ai})(T_{bi} - T_{ai})}, \quad T_{ai} \leqslant T_{mi} \leqslant T_{bi} \tag{5.20}$$

$$\varepsilon_{si} = 1 - \varepsilon_{li}$$

$$\varepsilon_{si} = \frac{(T_{ci} - T_{mi})^2}{(T_{ci} - T_{ai})(T_{ci} - T_{bi})}, \quad T_{bi} < T_{mi} \leqslant T_{ci} \tag{5.21}$$

$$\varepsilon_{li} = 1 - \varepsilon_{si}$$

等效热传导率可以表示成下面分段函数：

$$\tilde{k}_i = \begin{cases} k_{si}, & T_{mi} < T_{ai} \\ \varepsilon_{si}k_{si} + \varepsilon_{li}k_{li}, & T_{ai} \leqslant T_{mi} \leqslant T_{ci} \\ k_{li}, & T_{mi} > T_{ci} \end{cases} \tag{5.22}$$

其中，k_{si}、k_{li} 分别是第 i 类 PCM 在固相和液相时的热传导率。

在第 i 类 PCM 微胶囊外表面：

$$-\tilde{k}_i \frac{\partial T_{mi}(x, r, t)}{\partial r}\bigg|_{r = R_{mi}} = h_e\{T_{mi}(x, R_{mi}, t) - T\} \tag{5.23}$$

在第 i 类 PCM 微胶囊的中心点,使用对称边界条件:

$$-\tilde{k}_i \frac{\partial T_{mi}(x, r, t)}{\partial r}\bigg|_{r=0} = 0 \qquad (5.24)$$

第 i 类 PCM 微胶囊的初始条件:

$$T_{mi}(x, r, 0) = T_{mi0} \qquad (5.25)$$

根据方程(5.18)~(5.25),可以获得第 i 类 PCM 微胶囊内任意一点、任意时刻的温度和微胶囊表面温度。为了获得方程(5.15)和方程(5.16)的解,必须给出初始和边界条件。多孔纤维材料的初始、边界条件同上节。

5.2.2 含多种相变微胶囊的多孔纤维材料热性能模拟

为了获得方程的数值解,使用控制体积法对上述方程进行空间离散,时间域采用隐式差分格式。根据离散形式的方程组,我们可以获得任意时刻的多孔纤维材料内温度场和蒸气浓度场。具体方程离散方法可参考上节内容。

为了考察相变微胶囊混合物布置对多孔纤维材料热特性的影响,选择四种多孔纤维材料样品,每种样品由 2 层组成,对应于左侧边界和右侧边界分别称为左层和右层,每层厚度 2.2 mm,微胶囊半径 5 μm,样品的基材均由棉多孔纤维材料制作,相变材料物性参数见表 5.4,各样品的 PCM 微胶囊布置如表 5.5 所示。

表 5.4 相变材料物性参数[19]

名称	公式	融解温度 范围/℃	密度/ (kg/m³)	热传导率/ [W/(m·℃)]	比热/ [kJ/(kg·℃)]	融解热/ (kJ/kg)
十八烷	$C_{18}H_{38}$	$T_a = 22.3, T_b = 28.0, T_c = 28.8$	814(固态) 774(液态)	0.150	2.153	242.44
十六烷	$C_{16}H_{34}$	$T_a = 14.3, T_b = 16.7, T_c = 17.8$	835(固态) 776(液态)	0.150	2.111	236.88

表 5.5 多孔纤维材料样品中的 PCM 布置

样品名称	左层 PCM 微胶囊类型及含量	右层 PCM 微胶囊类型及含量
多孔纤维材料样品 1	无 PCM	无 PCM
多孔纤维材料样品 2	十六烷 20%	十八烷 20%
多孔纤维材料样品 3	十八烷 20%	十六烷 20%
多孔纤维材料样品 4	十八烷 10%,十六烷 10%	十八烷 10%,十六烷 10%

初始状态多孔纤维材料样品都放置于 5℃,40%RH 环境中,使之与环境平衡。然后将其置于左端($x = 0$)环境条件 45℃,40%RH,右端($x = 4.4$ mm)25℃,40%RH 的

环境下。考虑对流边界条件,对流换热系数左右边界相同,都为 10.3 W/(m²·℃)。不同多孔纤维材料样品在上述条件下,温度随时间变化过程如图 5.16~图 5.19 所示。

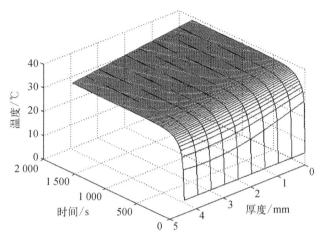

图 5.16　多孔纤维材料样品 1 的温度分布

图 5.16 给出了多孔纤维材料样品 1 中的温度分布。从图 5.16 可以看出由于两侧边界温度都高于初始多孔纤维材料温度 5℃,所以多孔纤维材料温度随时间升高,大约在 400 s,多孔纤维材料温度趋于平衡。左端($x=0$)处温度高于右端($x=4.4$ mm)。温度升高没有延迟现象出现。

图 5.17 给出了多孔纤维材料样品 2 的温度分布,在左层由于环境温度较高导致温度升高较快,当多孔纤维材料温度升高至 15℃左右时,20%十六烷开始相变并吸收热量,抑制左层温度继续升高。由此引起右层温度升高受到抑制,可以看出在

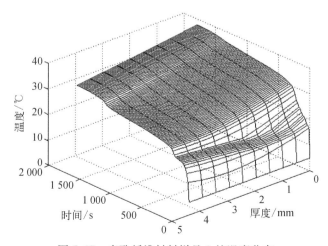

图 5.17　多孔纤维材料样品 2 的温度分布

右端($x=4.4\,\mathrm{mm}$)温度升高在初始阶段有一个延迟。这主要是受左层十六烷相变吸热的影响。当左层十六烷相变完毕,左右两边温度继续升高。当多孔纤维材料温度升高到引起右层十八烷相变时,多孔纤维材料温度升高又被延迟。

图 5.18 给出了多孔纤维材料样品 3 的温度分布。与图 5.17 多孔纤维材料样品 2 的温度分布相比,在初始升温阶段两层的相变材料都发生了相变吸热,导致初始阶段左右两层温度升高都被延迟。但在 300 s 左右,右层里的 20%十六烷已经相变完毕,不再起抑制温度继续升高的作用。而左层里的十八烷,一直到 800 s 左右都在起延迟温度升高的作用。

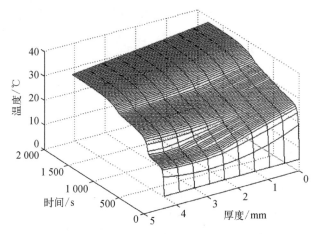

图 5.18　多孔纤维材料样品 3 的温度分布

图 5.19 给出了多孔纤维材料样品 4 的温度分布。由于左层和右层中都含有 10%十六烷和 10%十八烷,使得各层温度升高过程中,当达到相变微胶囊相变温度

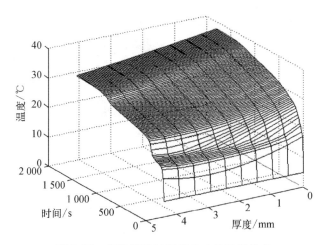

图 5.19　多孔纤维材料样品 4 的温度分布

范围时,都有相变发生,并产生多步延迟效果。

图 5.20 给出了不同多孔纤维材料样品右边界上温度变化比较。可以看出,与不含相变微胶囊多孔纤维材料样品 1 相比,含有相变微胶囊的多孔纤维材料样品2、样品 3、样品 4,在环境温度升高过程中都有延迟温度升高的作用,但由于相变微胶囊在多孔纤维材料内布置方式的不同,即使所用 PCM 的总含量相同,对温度升高的延迟效果也是不同的。相变材料微胶囊混合均匀布置于各层多孔纤维材料中(多孔纤维材料样品 4)温度变化介于单种相变材料微胶囊集中于各层布置(多孔纤维材料样品 2 和样品 3)的温度之间。

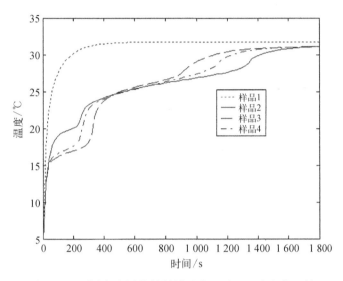

图 5.20　不同多孔纤维材料样品右边界上温度变化比较

5.2.3　模拟结论

本节发展了一个数学模型用于描述多孔纤维材料-多种相变微胶囊混合物复合材料的热传递行为。实验表明,模型具有良好的精度。从模型的理论预测结果,我们可以得出如下结论:

1)与不含微胶囊的多孔纤维材料相比,含有相变微胶囊的多孔纤维材料当相变微胶囊发生相变时,有延迟多孔纤维材料温度升高的效果;

2)相变微胶囊混合物在多孔纤维材料中的布置对多孔纤维材料的热特性有重要的影响。要根据实际问题需要合理地选择相变微胶囊混合物的类型、体积比和分布方式。本节模型可以作为定量化设计多孔纤维材料-多种相变微胶囊复合材料的一个分析工具。

5.3　普通相变服装热功能分析

5.3.1　人体-相变服装-环境系统模型和人体热感觉评价

人体-相变服装-环境热湿传递模型,除了服装采用含相变微胶囊的服装模型外,其他的模型方程与4.1节的1-D着装人体热湿传递模型相同,这里也采用同样的有限差分算法进行离散。人体热感觉的评价目前使用最多的是PMV指标,但是该指标往往用来描述人在稳态环境下的热舒适,不适宜用在动态环境热舒适的评估。本文采用较为成熟的动态热舒适指标DTS[20],对相变材料对人体热感觉影响进行评价。

DTS指标认为压迫信号、平均皮肤温度、头部核心温度和皮肤温度变化率是影响人体动态热感觉的变量,依据-3~+3的7点ASHRAE标度,动态热指标完整形式为[20]

$$\text{DTS} = 3 \times \text{th}\left[\alpha \cdot \Delta T_{\text{sk},m} + F_2 + \left(0.11 \frac{\mathrm{d} T_{\text{sk},m}^{(-)}}{\mathrm{d}t} + 1.91 \mathrm{e}^{-0.681t} \cdot \frac{\mathrm{d} T_{\text{sk},m}^{(+)}}{\mathrm{d}t}\right) \cdot \frac{1}{1+F_2}\right] \tag{5.26}$$

其中,
$$F_2 = 7.94 \times \exp\left(\frac{-0.902}{\Delta T_{\text{hy}} + 0.4} + \frac{7.612}{\Delta T_{\text{sk},m} - 4}\right) \tag{5.27}$$

$\Delta T_{\text{sk},m}$、ΔT_{hy}分别是平均皮肤温度、头部核心温度与各自设定点温度差;t是$T_{\text{sk},m}$对时间的最大正导数到当前的时间;当$\Delta T_{\text{sk},m} < 0$和$\Delta T_{\text{sk},m} > 0$时,$a$分别为0.30 K^{-1}和1.08 K^{-1};当$\dfrac{\mathrm{d} T_{\text{sk},m}}{\mathrm{d}t} > 0$时,$\dfrac{\mathrm{d} T_{\text{sk},m}^{(-)}}{\mathrm{d}t} = 0$。

5.3.2　模型的验证及预测分析

1. 模型验证

为了验证模型及算法的正确性,本章我们模拟了一个穿相变服装的人体实验过程。初始条件:人体穿上热功能相变T恤衫和纯棉裤子,在温度为297.45 K,相对湿度为55.3%环境条件下静坐,达到平衡,环境为风速0.1 m/s,时间为20 min,然后打开空调,从0 min开始计时。环境温度开始下降,该阶段时间为21 min,然后空调打到升温,环境温度上升,持续15 min。环境温度变化过程如图5.21中最下面的曲线所示。实验中测量的人体躯干部的皮肤温度、服装内表面的温度如图5.35中散点所示。T恤衫的主要成分是涤纶和5%的相变材料。测得服装的相变

温度范围在 $[304.15,306.45]$ K,峰值温度 $T_b = 305.95$ K,微胶囊半径为 5 μm,总的相变潜热为 124 kJ/kg。使用本章模型预测获得的躯干部皮肤温度、服装内表面温度变化曲线如图 5.21 所示。从该图可以看出：尽管环境温度仍在上升,服装内表面温度在 27 min 开始变化趋于平缓,然后温度呈微弱上升的趋势。这是因为在这个阶段相变材料达到相变温度范围,开始相变并吸收热量,延迟服装温度继续上升。从整体理论模拟和实验测量的温度变化趋势上看,模型和实验结果有很好的一致性。

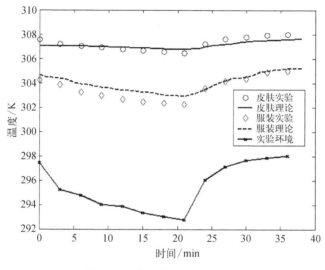

图 5.21　实验与理论温度比较

2. 预测分析

为了考察相变服装与普通服装对人体热感觉影响的差异,分别选取三种类型的服装作为穿着对象,服装类型一是由涤纶材料制作的普通 T 恤衫和裤子,厚度均为 5 mm;服装类型二、三除了附加了体积分数分别为 20%、30%,半径为 5 μm 的相变微胶囊外,其他参数与类型一完全相同。相变材料选烷烃类混合物,升温阶段相变温度范围 304.16~306.16 K,峰值相变温度为 305.96 K;降温阶段相变温度范围为 303.16~299.16 K,峰值相变温度为 301.16 K。总的相变潜热均选为 124 kJ/kg。人体首先在 298.16 K,50%RH 环境下穿好衣服与环境达到平衡后,进入模拟环境中(301.16 K,50%RH,0.1 m/s 风速,持续 60 min)/(285.16 K,50%RH,0.1 m/s 风速,持续 60 min)。对于三种类型的服装,预测结果如图 5.22~图 5.27 所示。

图 5.22、图 5.23 分别为人体躯干部普通服装(0%PCM)和 PCM 体积分数为 30%的相变服装(30%PCM)中温度分布情况,其中厚度的零点和接近皮肤表面的

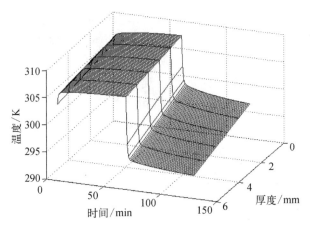

图 5.22 普通服装(0%PCM)中的温度分布

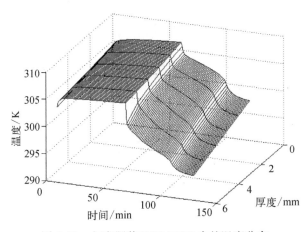

图 5.23 相变服装(30%PCM)中的温度分布

服装点重合。可以看出,服装温度在前 60 min 是上升的,后 60 min 是下降的。由于相变材料在降温阶段的相变温度范围是 303.16～299.16 K,相变材料在服装降温过程中发生相变,放出了相变潜热,延迟了服装温度的降低,故降温阶段相变服装的温度都明显高于普通服装中的温度。

图 5.24 给出了躯干部服装内表面温度的对比,可以看出相变服装温度在升温阶段明显低于普通服装,其 PCM 含量越高,服装内表面温度越低。主要是因为相变材料在升温阶段相变温度范围在 304.16～306.16 K,服装的温度也恰好在这附近,因此相变材料发生相变吸收了潜热,导致服装温度的升高被延迟。在降温阶段,相变材料发生相变放出了潜热,所以含相变材料的服装降温也被延迟,且 PCM 含量越高延迟越明显。

图 5.25 给出了穿三类服装的平均皮肤温度分布。可以看出平均皮肤温度变化

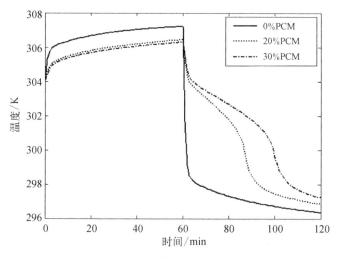

图 5.24　躯干部服装内表面的温度比较

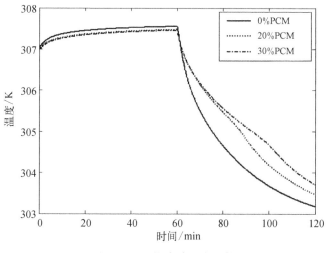

图 5.25　平均皮肤温度比较

趋势与服装的温度变化趋势一致。前 60 min,穿相变服装的人体平均皮肤温度低。后 60 min,穿相变服装的平均皮肤温度高,且相变材料含量越多平均皮肤温度越高。

　　图 5.26 给出了穿不同类型的服装的人体头核温度比较。可以看出在前 60 min,头核温度随着平均皮肤温度的升高有降低趋势,主要原因在于,皮肤温度升高,血管舒张,加大了血液流动引起的热交换,导致头核温度反而有下降趋势。可以看出穿相变材料服装头核温度要略高于穿普通服装。在降温阶段的前半段,皮肤温度下降,头核温度反而上升,主要是因为皮肤温度下降导致血管收缩,头核通过血液流动引起的热损失减少,而随着时间的推移,皮肤温度继续降低,导致周围组织温度的降低,进而影响到头核,头核温度也随之降低。可以看出:在降温阶

段的后半段,穿相变服装头核温度高于穿普通服装,且相变材料含量越多的头核温度越高。

图 5.27 给出了穿三种服装的人体 DTS 曲线。由方程(5.26)我们知道动态热感觉 DTS 受平均皮肤温度、皮肤温度变化率和头核温度的多重影响。从图 5.27 可以看出,前 60 min,穿相变服装的人体 DTS 低于穿普通服装的 DTS,而在后 60 min 环境降温阶段,具有与前 60 min 相反的趋势。但无论哪个阶段,穿相变服装的人体 DTS 值明显比穿普通服装更接近于零,即更舒适。另外,从图 5.27 中我们还可以看出皮肤温度变化率对 DTS 的影响。图 5.27 中,90 min 左右,穿 PCM 含量 20%的相变服装,人体 DTS 突然降低,这主要是受服装内相变材料相变结束的影响。相变

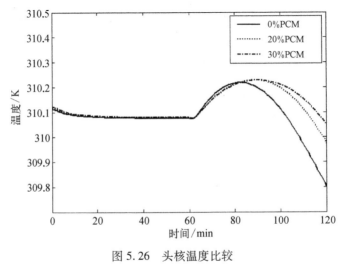

图 5.26　头核温度比较

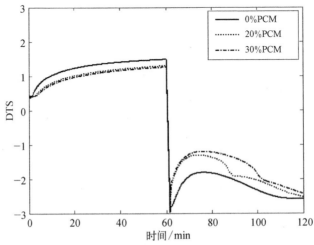

图 5.27　动态热感觉比较

材料相变结束,不再释放潜热,导致服装温度急剧降低(如图5.24),进而导致平均皮肤温度急剧降低(如图5.25),从而使 DTS 急剧降低。

3. 结论

本节将人体-智能相变服装-环境系统热湿传递模型与动态热感觉模型相联合,建立了一个相变服装动态热感觉评价系统。通过理论预测和实验结果对比验证了模型的精度。通过对比分析可以得出如下结论:相变材料发生相变时吸收或放出相变潜热,可以延迟服装温度的升高或降低,进而延迟人体皮肤温度升高或降低,从而可以使人体感觉比较舒适。与普通服装相比,相变服装的热感觉及舒适性要好;如果相变材料选择合适,在一定范围内,相变材料含量越多热感觉越好。

5.3.3　相变材料与基材相互作用及对人体热响应的影响分析

根据5.1.2节单纯的多孔纤维材料热湿传递模型分析,得出这样的结论:纤维的吸湿/放湿潜热严重影响相变微胶囊对多孔纤维材料温度的作用效果,在多孔纤维材料相变微胶囊复合材料设计中应引起足够的重视。那么,不同基材的相变服装穿在人身上究竟是什么效果呢? 服装基材和相变材料的相互作用结果对人体热响应有何影响? 本节就要解决这个问题。

1. 模型分析

模拟环境与4.1.4节表4.1相同,即人进入冷的房间 A(25℃,40%RH,$v=0.3$ m/s),穿上实验服装,贴上传感器,坐在椅子上15 min,使人服装环境达到平衡状态,然后进入热的房间 B(36℃,80%RH,$v=0.1$ m/s),开始计时,静坐20 min,然后回到冷的房间 A,静坐40 min。模拟中选择4类服装:棉服装+0%PCM、棉服装+20%PCM、涤纶+0%PCM、涤纶+20%PCM。模拟中,服装厚度2.0 mm,孔隙率是0.90。相变材料物性参数见5.3.2节,基材物性参数见表4.1。

图5.28给出了躯干部服装内表面的温度随时间变化。与无相变材料的涤纶服装相比,无相变材料的棉服装在房间 B 具有较高的温度增量,到了房间 A 具有较大温降。这主要由于棉纤维具有较高的吸湿性和湿解吸特性。在高温环境0~4 min 内,含20%PCM 的棉服装温度增加被延迟,而20%PCM 的涤纶服装内表面温度增加在0~10 min 被延迟。这是因为相变材料达到相变温度时从周围服装吸收热量,自身由固态变为液态,而自身温度仅在较小范围变化。棉纤维由于有较高吸湿性,吸湿后会释放大量的潜热,这些潜热被相变材料快速吸收,所以棉服装 PCM 的延迟时间短。过了延迟时间,相变材料不再发生相变,服装温度继续增加。在低温低湿环境,服装温度降低。因为环境湿度下降,从皮肤到服装的蒸发热突然增

加,于是服装温度继续增加。此后,在低温环境服装温度继续下降。由于在躯干部积聚的汗水蒸发减少到 0 g,服装温度和从皮肤到服装的蒸发热在 27 min 时突然降低。当服装温度达到相变温度范围[31.00, 33.30] ℃,PCM 释放潜热,含相变材料的服装温度降低被延迟。最后,服装温度和环境温度接近平衡。从图 5.28 可以看出,含 20%PCM 的涤纶服装具有较长的温度延迟时间。

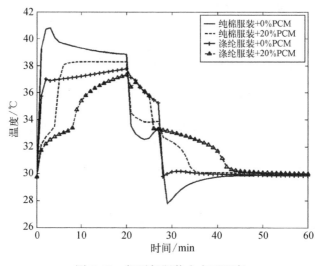

图 5.28　躯干部服装内表面温度

图 5.29 给出了躯干部皮肤温度随时间变化。高温环境穿相变服装的人躯干部温度低,由于相变材料吸热熔解,延迟效果明显。穿含 20%PCM 的涤纶服装的

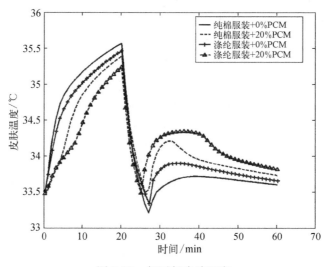

图 5.29　躯干部皮肤温度

人体皮肤表面温度最低。在低温环境,由于血液条件的影响,皮肤温度会有一个上升过程。在低温环境,穿含 20%PCM 的涤纶服装的人体皮肤表面温度最高。

图 5.30 给出了躯干部皮肤表面出汗率。出汗率的变化趋势与皮肤温度变化趋势相似。在高温环境,穿含 20%PCM 的涤纶服装的人体皮肤表面出汗率最低。

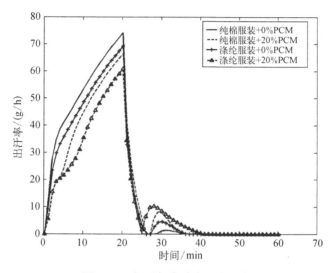

图 5.30　躯干部皮肤表面出汗率

图 5.31 给出了躯干部皮肤表面汗水积聚量。在高温环境,人体开始出汗,在皮肤表面汗水积聚量增加。在低温环境,汗水积聚量变为 0 g。从图 5.31 可以看出服装中添加相变材料可以减少皮肤表面汗水积聚时间。穿含 20%PCM 的涤纶

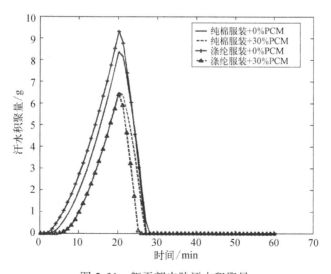

图 5.31　躯干部皮肤汗水积聚量

服装的人体皮肤表面汗水积聚的时间最短。

　　图 5.32 给出了躯干部皮肤干热损失。干热损失依赖于皮肤和服装的温差。在高温环境,干热损失是负的,因为环境温度高于皮肤温度。穿相变材料服装的人体获得的热量少于穿不含相变材料的服装。在低温环境,干热损失是正的,因为环境温度低于皮肤温度,热量由皮肤传向环境,穿相变材料服装的人体损失的热量少于穿不含相变材料的服装。穿含 20%PCM 的涤纶服装的人体皮肤表面的绝对热损失最低。

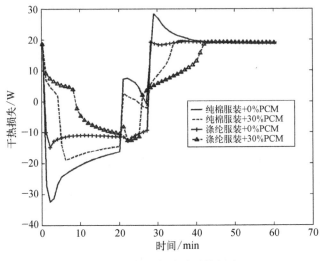

图 5.32　躯干部皮肤干热损失

　　图 5.33 给出了皮肤蒸发热损失随时间变化情况。在高温环境穿不含相变材料服装的人体皮肤表面蒸发热损失高于穿含 PCM 服装的人体表面。蒸发热损失与皮肤表面蒸汽压和服装内表面的蒸汽压之差成正比。在高温环境,当汗水在皮肤表面积聚时,皮肤表面蒸汽压是皮肤温度下的饱和蒸汽压。穿不含相变材料的服装的人体皮肤温度高。所以,穿不含相变材料的服装蒸发热损失高于穿含相变材料的服装的人体。在高温环境,穿含 20%PCM 的涤纶服装的人体皮肤表面的蒸发热失最低。在低温环境,蒸发热损失增加快,因为 20 min 后环境湿度迅速降低,导致服装内表面蒸汽压力也迅速降低,进而皮肤和服装内表面的压差迅速降低。同时由于环境温度降低导致皮肤温度降低,影响到皮肤表面的饱和蒸汽压降低,故随时间的推移,蒸发热损失降低。在 27 min 左右,躯干部皮肤热损失迅速降低,因为此时皮肤表面汗水积聚量为 0 g,皮肤表面蒸汽压迅速降低。27 min 后,穿含 20%PCM 的涤纶服装的人体皮肤表面的蒸发热损失最大。

　　图 5.34 给出了血液与躯干部皮肤的热交换量随时间的变化。由于血液温度高于皮肤温度,热量从血液转移到皮肤。在高温环境,穿相变服装的人体皮肤获得

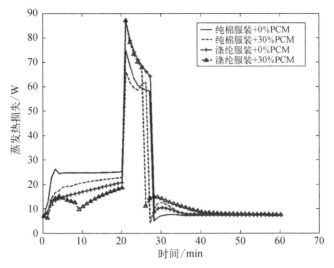

图 5.33　躯干部皮肤蒸发热损失

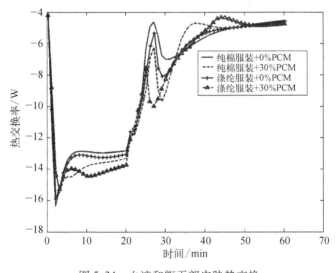

图 5.34　血液和躯干部皮肤热交换

的血液热量多于不穿相变服装的。这是因为大多数时间内,穿相变服装的皮肤温度低于不穿相变服装的皮肤温度。从图 5.34 可以看出,大多数时间内,穿含 20% PCM 的涤纶服装的血液与人体皮肤的热交换量最大。

2. 结论

本节讨论了不同吸湿性基材添加或不添加相变材料后做的服装对人体热响应的影响。显然不论是吸湿性高的棉多孔纤维材料还是吸湿性低的涤纶多孔纤维材料,添加相变材料的服装在环境温度湿度突变情况具有延迟环境条件影响的作用。同普通多孔纤维材料热湿传递过程分析获得的结论一样,人体着装状态,吸湿性基材对相变服装的热性能有重要影响,高吸湿性往往会与相变材料作用相反,故建议使用吸湿性小的基材做相变服装。

5.4　含相变微胶囊的抗荷服热功能分析

现代战斗机在空中飞行,大量的任务要求完成各种动作。飞行方向和速度变化的幅度非常大,随之而来产生高加速度。在驾驶舱中的飞行员也被惯性力作用了方向相反的加速度。惯性力的典型例子,如空中的飞行沿着圆轨道的特技飞行员,其头部不可避免的指向圆心,血管内的血液由于惯性被扔到身体的下部,当惯性力增大到一定程度,会造成脑部缺血、缺氧、视力障碍等不利的生理现象,严重时飞行员会出现短暂的昏厥或者意识丧失,导致严重的飞行事故发生甚至机毁人亡,可以想象这是对一个战斗机飞行员的最严重的威胁。为了防护这种惯性力的有害作用,必须时刻给头部供应其需要的大量血液,囊式抗荷服便是这样一种专门的防护配置,用以阻止血液向下肢大量移动。飞行员穿戴囊式抗荷服后,身体下半段的绝大部分被气囊覆盖,囊式抗荷服连接到飞机上装有的抗荷调压装置,两者相互配合,随着惯性力的变化,囊式抗荷服的囊中可以自动填充气体或者液体,进而向人体下肢部施加压力,强迫绑紧人体的大小腿和腹部,阻止血液被甩向下肢部位,从而保证人体的大脑、心脏、双眼等器官得以供应足够的血液,有效地提高飞行员的抗荷耐力。囊式抗荷服由于囊的不透气性,导致热负荷明显增加。很难想象大汗淋漓的飞行员能够操作精准到位。因此抗荷服的热功能分析对改进设计和提高飞行员工作效率具有重要意义。

本节主要介绍飞行员-囊式抗荷服-环境动态热湿传递模型,并考虑相变材料对改进抗荷服性能方面的影响,采用正交分析的方法,分析相变材料各个物性对热应力指数的影响,判断影响程度,得出添加相变材料的抗荷服设计的指导方针。

5.4.1　飞行员-囊式抗荷服-环境系统热湿传递模型

飞行员由于要穿五囊式抗荷服,气囊分别布置在腹部和大、小腿前侧。为了方便人体与气囊间的传热计算,需要对 Stolwijk[21] 的 25 节点模型进行修改,对某些节段要更加精细地划分。

1. 85 节点飞行员体温调节模型

在 Stolwijk 的 6 节段 25 节点模型的基础上。整个飞行员人体被分成 21 段(头、胸、背、腹、腰、左上臂、右上臂、左前臂、右前臂、左手、右手、左大腿前、左大腿后、右大腿前、右大腿后、左小腿前、左小腿后、右小腿前、右小腿后、左脚、右脚),区别于 Stolwijk 的模型,腹部、左、右小腿和左、右大腿,以及其前后侧面这些覆盖着囊的部分被单独划分出来,这样可以更加精确的研究气囊对人体体温调节的影响,同时每个节段分成内核、肌肉、脂肪和皮肤四层,另外保留 Stolwijk 模型中央血池的设定,用以表示血液系统与各个节段之间的对流热交换,这样整个人体被分为 85 个节点,所以称之为 85 节点飞行员体温调节模型。

85 节点飞行员热调节模型的被动系统如图 5.35 所示。图 5.35(a)说明被动系统人体节段划分。图 5.35(b)说明第 i 个节段的各层及环境之间的能量传递关系。皮肤表面是空气层,然后向外依次是服装层、环境,服装层与环境之间通过对流、辐射、蒸发的方式交换热量,每一层之间通过热传导、血液流动的方式交换热量。中心血池通过循环系统(动脉、静脉)同其余 84 节点连接起来,同每一部分通过血液流动以对流的方式进行热交换。

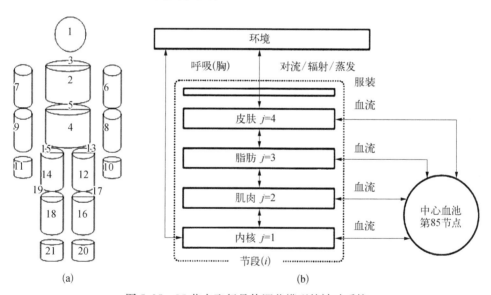

图 5.35　85 节点飞行员热调节模型的被动系统

(a)节段划分 1 头,2 胸,3 背,4 腹,5 腰,6 左上臂,7 右上臂,8 左前臂,9 右前臂,10 左手,11 右手,12 左大腿前部,13 左大腿后部,14 右大腿前部,15 右大腿后部,16 左小腿前部,17 左小腿后部,18 右小腿前部,19 右小腿后部,20 左脚,21 右脚;(b)节段 i

在 85 节点模型中,每一节段(共四层)的热平衡方程及中心血池的能量交换用如下方程表示。

内核:

$$C(i, 1) \frac{\mathrm{d}T(i, 1)}{\mathrm{d}t} = Q(i, 1) - B(i, 1) - D(i, 1) - \mathrm{RES}(i, 1) \quad (5.28)$$

肌肉层：

$$C(i, 2) \frac{dT(i, 2)}{dt} = Q(i, 2) - B(i, 2) + D(i, 1) - D(i, 2) \quad (5.29)$$

脂肪层：

$$C(i, 3) \frac{dT(i, 3)}{dt} = Q(i, 3) - B(i, 3) + D(i, 2) - D(i, 3) \quad (5.30)$$

皮肤层：

$$C(i, 4) \frac{dT(i, 4)}{dt} = Q(i, 4) - B(i, 4) + D(i, 3) - E(i, 4) - Q_t(i, 4)$$

$$(5.31)$$

中心血液：

$$C(85) \frac{dT(85)}{dt} = \sum_{i=1}^{21} \sum_{j=1}^{4} B(i, j) \quad (5.32)$$

方程中各项物理意义和计算方法同 4.1.1 节改进的 25 节点模型,体温调节过程与 Stolwijk 的 25 节点模型相同,不再赘述。评价抗荷服有一个重要指标,就是热应激指数 $C^{[22]}$:

$$C = 4.49\Delta T_b + 0.1 S_w \quad (5.33)$$

其中,ΔT_b 表示人体平均温暖的变化,S_w 表示出汗率,单位为 g/min,可通过调节系统获得。

2. 囊式抗荷服系统的热湿传递模型

为了描述囊式抗荷服的热湿传递过程,研究相变材料对其传热性能的影响,这里使用 5.1.1 节提出的含相变微胶囊的纤维多孔材料热湿传递模型,模型主要方程如下:

$$\begin{cases} \frac{\partial(\varepsilon_a C_a)}{\partial t} + (1 - \varepsilon_a - \varepsilon_m) \frac{\partial C_f}{\partial t} = \frac{\partial}{\partial x}\left(\frac{D_a \varepsilon_a}{\tau} \frac{\partial C_a}{\partial x}\right) \\ C_v \frac{\partial T}{\partial t} - \lambda(1 - \varepsilon_a - \varepsilon_m) \frac{\partial C_f}{\partial t} = \frac{\partial}{\partial x}\left(k \frac{\partial T}{\partial x}\right) + h_e \frac{3\varepsilon_m}{R_m}\{T_m(x, R_m, t) - T\} \\ \varepsilon = \varepsilon_a + \varepsilon_m = 1 - \varepsilon_f \end{cases}$$

$$(5.34)$$

方程 5.34 中各量物理意义见 5.1.1 节。

为了求解方程(5.34),初始和边界条件必须给出。初始值可以通过计算服装

和环境平衡状态下的温度和浓度给出。囊式抗荷服中热湿传递的边界条件示意图
如图 5.36 所示。图 5.36(a) 给出了无囊服装工况。服装层之间是空气层。对于
此工况,服装层间通过传导和辐射热传输同时发生,在浓度差作用下湿扩散也会发
生。因此在服装层 1 的右端有

$$
\begin{cases}
-\left. \dfrac{D_a \varepsilon_a}{\tau} \dfrac{\partial C_a}{\partial x}\right|_{\Gamma 1,\,\text{right}} = \dfrac{D_a}{t_a}(C_{a1,\,\text{right}} - C_{a2,\,\text{left}}) \\[3mm]
-\left. k \dfrac{\partial T}{\partial x}\right|_{\Gamma 1,\,\text{right}} = \left(\dfrac{k_a}{t_a} + h_r\right)(T_{1,\,\text{right}} - T_{2,\,\text{left}})
\end{cases}
\tag{5.35}
$$

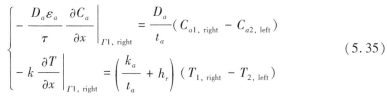

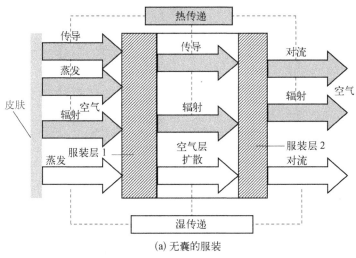

(a) 无囊的服装

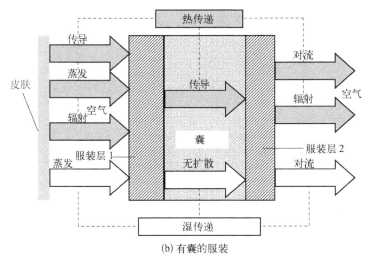

(b) 有囊的服装

图 5.36　人体-服装-环境系统边界条件示意图

对服装层 2 的左端有

$$
\left\{
\begin{array}{l}
\dfrac{D_a \varepsilon_a}{\tau} \dfrac{\partial C_a}{\partial x}\bigg|_{\varGamma2,\,\text{left}} = \dfrac{D_a}{t_a}(C_{a2,\,\text{left}} - C_{a1,\,\text{right}}) \\[4mm]
k \dfrac{\partial T}{\partial x}\bigg|_{\varGamma2,\,\text{left}} = \left(\dfrac{k_a}{t_a} + h_r\right)(T_{2,\,\text{left}} - T_{1,\,\text{right}})
\end{array}
\right.
\tag{5.36}
$$

其中,t_a 是空气层厚度,$\dfrac{D_a}{t_a}$ 表示静态空气层的湿扩散系数,$\dfrac{k_a}{t_a}$ 表示传导热传输系数,h_r 是辐射热传输系数。

图 5.36(b) 给出了有囊服装工况示意图。服装层之间仅有热传导通过气囊传递热量,没有湿扩散通过气囊,因为气囊具有不透气性。因此,我们仍然可以使用方程(5.35)和方程(5.36),但是需要做如下假设考虑囊的特性:

$$
\frac{D_a}{t_a} \to 0
\tag{5.37}
$$

$$
\frac{k_a}{t_a} = \frac{k_b}{t_b}
\tag{5.38}
$$

$$
h_r = 0
\tag{5.39}
$$

其中,k_b 和 t_b 分别表示气囊的导热率和厚度。

比较有、无气囊的工况,发现服装层 1 左端和层 2 右端边界条件都是相同的。对于第 i 个身体节段,服装层 1 的左端边界条件可以写为

$$
\left\{
\begin{array}{l}
-\dfrac{D_a \varepsilon_a}{\tau} \dfrac{\partial C_a}{\partial x}\bigg|_{i,\,1,\,\text{left}} = \dfrac{E(i,\,4)}{S(i) h_{\text{lg}}} \\[4mm]
-k \dfrac{\partial T}{\partial x}\bigg|_{i,\,1,\,\text{left}} = \dfrac{Q_t(i,\,4)}{S(i)} + \dfrac{E(i,\,4)}{S(i)}
\end{array}
\right.
\tag{5.40}
$$

服装层 2 右端边界条件:

$$
\left\{
\begin{array}{l}
-\dfrac{D_a \varepsilon_a}{\tau} \dfrac{\partial C_a}{\partial x}\bigg|_{i,\,2,\,\text{right}} = h_m(C_{a2,\,\text{right}} - C_\infty) \\[4mm]
-k \dfrac{\partial T}{\partial x}\bigg|_{i,\,2,\,\text{right}} = (h_c + h_r)(T_{2,\,\text{right}} - T_\infty)
\end{array}
\right.
\tag{5.41}
$$

其中,h_c 是对流热传输系数,它是空气流速 v 的函数,对于一个坐着的人,$h_c = 3.43 + 5.93v$ W/(m² · K)。传质系数 h_m 可以通过刘易斯关系获得[23]。

5.4.2　模型的验证和预测

1. 模型验证

对飞行员−囊式抗荷服系统采用 4.1.3 节模拟方法进行模拟,用 FORTRAN 进行编程仿真计算。为了验证上述人体温度调节模型的正确性,这里模拟了一个在人工气候室的实验[22]过程:气候室内的风速小于 0.1 m/s,纵向和横向温差小于 1℃,环境温度为 40℃,相对湿度为 54%,6 名男性受试者准备在规定的条件下接收测试,没有选择女性受试者是因为目前绝大部分飞行员仍为男性。实验开始后,受试者需要穿着五囊式抗荷服在气候室中静坐,选用的囊式抗荷服用料是两层的棉质纤维,每层厚 2 mm,气囊是 3 mm 厚的聚酯材料做成的。5 个联通的气囊分别覆盖在腹部、左右大腿和小腿的前侧,具体的物理参数可以在文献[1]中找到,每个受试者需在气候室中静坐 90 min,期间测量各项热学生理参数,包括皮肤温度、直肠温度、心率,以及后背、胸部、腹部、腰部、上臂、前臂、大腿和小腿 8 个节点的温度。图 5.37 中给出了皮肤平均温度的实验数据和计算数据的对比,可以看出计算结果与实验数据基本相符,可以充分地证明模型的正确性,该模型可以用来分析囊式抗荷服的热学性能。

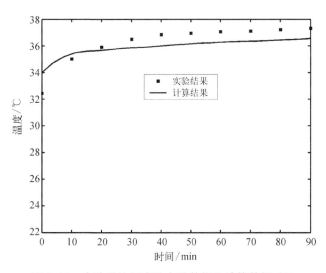

图 5.37　皮肤平均温度的实验数据和计算数据对比

2. 模型预测

(1) 气囊的有无对人体及服装热响应的影响

上面已经验证了飞行员−囊式抗荷服−环境系统热湿传递模型,主要是针对不含相变材料的情形,下面我们仍然不考虑相变材料,运用此模型进行仿真计算该系统的热湿传递性能,研究气囊的影响。

模拟实验条件:实验开始前,为达到一个平衡状态,飞行员首先在环境温度为25℃,相对湿度为40%的环境中静坐15 min,达到平衡状态后进行下一步实验。实验在恒温气候室中进行,持续90 min,室内温度设定为高温为45℃,相对湿度为50%,风速小于0.1 m/s。抗荷服和气囊的参数与上面的验证实验相同。

图5.38和图5.39分别给出了胸部内外层服装的温度和水蒸气浓度的对比情

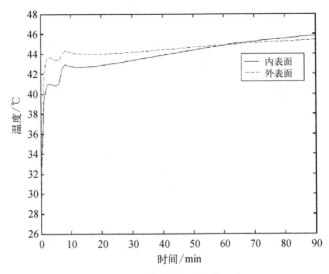

图 5.38　胸部内外层服装温度

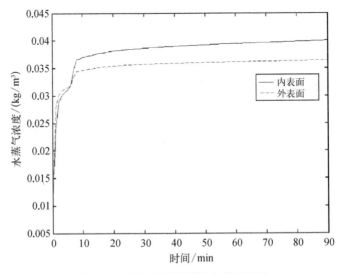

图 5.39　胸部内外层服装水蒸气浓度

况。实验开始时,内层服装温度接近胸部的皮肤温度,外层服装仍处于原始的较低温度,随着实验进行,环境的高温以及服装吸湿使得内外层服装温度都迅速提高,在 3 min 左右,内外层服装温度都有短暂的下降,这是因为前面几分钟内纤维吸湿放热,导致服装温度升高。在 3 min 左右服装内外环境绝对湿浓度接近平衡,服装内空气绝对湿浓度变化相对缓慢。导致空隙中的空气相对湿度下降,纤维吸收的水分部分解吸而吸热。由于服装温度的急剧增加,人体热调节作用产生显汗,随着显汗的蒸发,导致纤维周围空气相对湿度增加,纤维继续吸湿放热,同时由于蒸发热流的作用,导致服装在 5~6 min 左右,温度继续升高。由于蒸发热流的影响,胸部服装温度高于环境温度。从图 5.39 可看出内层服装的水蒸气浓度高于外层服装。

图 5.40 和图 5.41 分别给出了腹部内外层服装的温度和水蒸气浓度的对比情况。同胸部服装相比,腹部服装有气囊,服装的温度和水蒸气浓度变化趋势与胸部相似,但由于囊的不可透气性,阻挡了水蒸气的扩散,汗水蒸发后全部被内层服装吸收,使得内层服装的水蒸气浓度远高于外层服装。

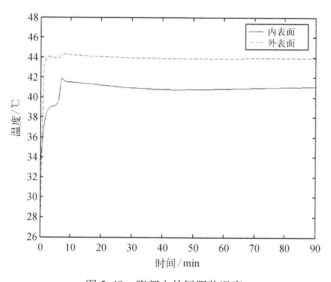

图 5.40　腹部内外层服装温度

从图 5.42 中可以很明显地看出,初始阶段,腹部与胸部温度接近。随着时间的推移,腹部的温度要高于胸部,这是由于气囊的存在而产生的不利的热应激。在高温环境中汗液的蒸发是人体热调节的主要手段。由于气囊不透气性,腹部服装内水蒸气浓度大于胸部,故腹部蒸发散热量要少于胸部,导致腹部温度高于胸部。

（2）相变材料含量对飞行员热响应的影响

下面主要模拟计算在囊式抗荷服中加入不同体积分数的相变材料后,对囊式

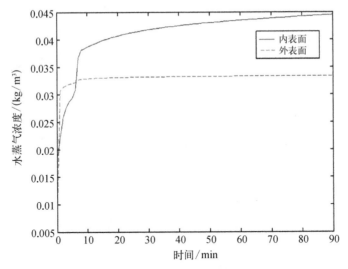

图 5.41　腹部内外层服装水蒸气浓度

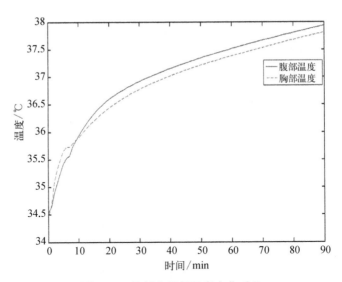

图 5.42　胸部和腹部温度变化对比

抗荷服热性能产生的影响。

　　模拟实验条件：实验开始前，飞行员首先在环境温度为 25℃，相对湿度为 40% 的环境中静坐 15 min，达到平衡状态后进行下一步实验。实验在恒温气候室中进行，持续 90 min，室内温度设定高温为 45℃，相对湿度为 50%，风速小于 0.1 m/s。选用的囊式抗荷服用料是两层的棉质纤维，每层厚为 2 mm，气囊是 3 mm 厚的聚酯材料做成的，5 个联通的气囊分别覆盖在腹部、左右大腿和小腿的前侧，抗荷服中分别加入不同体积分数 PCM（0%，10%，20%，30%）。相变微胶囊的材料为 20 烷,微胶囊直径 5 μm,导热系数为 0. 15 W/(m·℃),固相和液相比热分别为 2 210 J/(kg·℃)和 2 010 J/(kg·℃),潜热为 247×10³ J/kg,相变温度为 35～38℃。

图 5.43 和图 5.44 分别给出了 PCM 不同含量下腹部和胸部的汗水积聚量。首先对比图 5.43 和图 5.44 可以看出腹部由于囊的不可透气性,积聚了大量汗水,影响舒适性。同时,两图中曲线都有相同的变化趋势,可以看出相变材料能够有效地延迟大量汗水的积聚,且相变材料含量越多,延迟效果越明显。

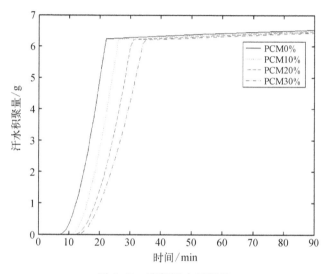

图 5.43　腹部汗水积聚量

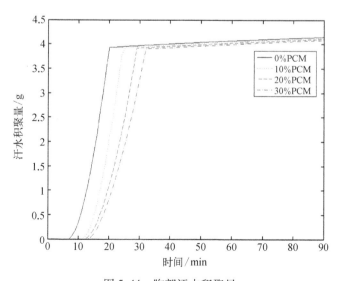

图 5.44　胸部汗水积聚量

　　图 5.45 和图 5.46 分别给出了相变材料不同含量时,胸部和腹部内层服装温度的变化情况。当服装温度达到相变温度 35℃ 时,相变材料开始发生相变,吸收大量热量,延缓服装温度的升高过程,且相变材料的含量越高,这个延缓的过程持续时间越长,效果越好。另外,从两图中可以看出,在 10 min 左右,由于人体显汗集聚,蒸发热流变大,导致服装温度有明显升高,同时由于服装温度尚未达到 38℃,相变材料仍然有延迟作用。到达 38℃ 后,相变材料不起作用,服装温度升高。比较图 5.45 和图 5.46,可以发现胸部内层服装温度高于同等条件下腹部温度,主要

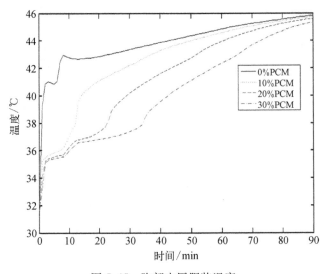

图 5.45　胸部内层服装温度

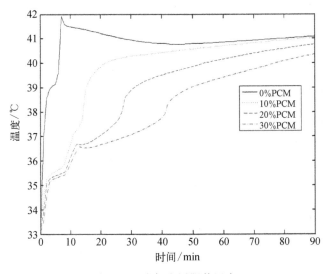

图 5.46　腹部内层服装温度

是由于蒸发热流的影响。腹部由于有气囊的存在导致汗水蒸发速度变慢,蒸发热流小于胸部的蒸发热流,故胸部服装由于吸收了蒸发热流,温度高于腹部服装。但是由于腹部皮肤蒸发热流小,故其温度大于胸部温度(图 5.47 和图 5.48)。

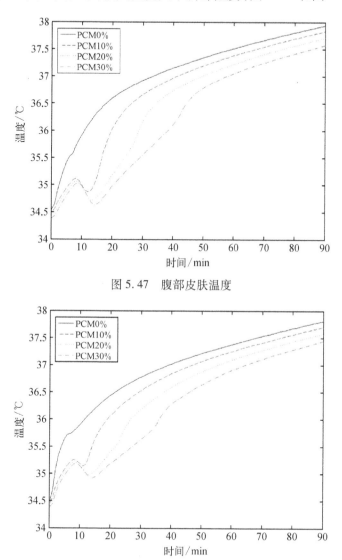

图 5.47　腹部皮肤温度

图 5.48　胸部皮肤温度

图 5.47 和图 5.48 分别给出了腹部和胸部的皮肤温度曲线。两图的曲线趋势相似,实验开始后,皮肤温度随时间升高,在 10 min 左右时,汗水开始积聚于皮肤表面,蒸发量加大,皮肤温度急剧下降。随着服装温度的升高,皮肤温度也随之升高,但由于服装中的相变材料开始发生相变,吸收热量,使得服装中相变材料含量不同,

服装温度升高的速度各有不同,导致皮肤温度升高速度不同。从图中可以看出,相变材料含量越高,皮肤温度升高延迟越明显,不含有相变材料的皮肤温度一直上升。

图 5.49 和图 5.50 分别给出了不同 PCM 含量下的平均皮肤温度曲线和热应激指数。从图 5.49 中不难看出相变材料可以有效地延缓皮肤温度的升高,且含量越高,效果越明显。也就是说,在囊式抗荷服中加入相变材料可以有效地降低飞行员的热应激指数(图 5.50),提高囊式抗荷服的舒适度,在一定范围内增加相变材料的含量,可以带来更好的效果。

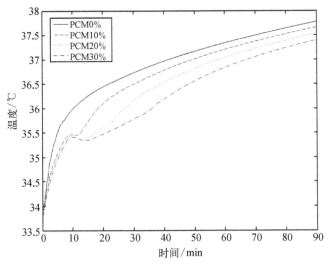

图 5.49　平均皮肤温度

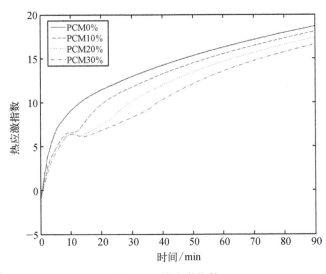

图 5.50　热应激指数

5.4.3　相变材料特性参数对人体热应激指数影响的正交分析法

因为相变材料的各种参数都可能对相变过程存在着潜在的影响,所以对相变材料的使用进行最优化处理就成为设计含有相变材料的抗荷服的关键步骤。这里运用正交计算表格 $L_9(3^4)$ 来研究相变材料的 4 个参数(PCM 百分含量、微胶囊半径、相变温度区间和相变潜热)对热应激指数的影响,找出 4 个参数不同值之间的最佳搭配方法。表 5.6 给出了正交分析的因素和水平,表 5.7 中给出了算例和从着装飞行员热模型中得到的结果。

表 5.6　正交分析的因素和水平

变　量	水　平		
	1	2	3
A(PCM 含量/%)	5	15	25
B(微胶囊半径/μm)	5	10	15
C(相变区间$[T_a, T_b, T_c]$/℃)	$[26, 28, 30]$	$[31, 33, 35]$	$[36, 38, 40]$
$D[$相变潜热/(kJ/kg)$]$	200	250	300

表 5.7　对 PCM 各项参数影响热应激指数的正交分析矩阵

因　素	A(PCM 含量/%)	B(微胶囊半径/μm)	C(相变区间/℃)	$D[$相变潜热/(kJ/kg)$]$	热应激指数(ITS)		
					10 min	30 min	60 min
1	1	1	1	1	6.511	9.565	11.685
2	1	2	2	2	5.871	9.448	11.637
3	1	3	3	3	6.469	9.151	10.558
4	2	1	2	3	4.239	7.757	10.838
5	2	2	3	1	6.245	8.110	10.955
6	2	3	1	2	3.259	8.448	11.061
7	3	1	3	2	6.046	7.373	9.566
8	3	2	1	3	0.927	6.656	10.141
9	3	3	2	1	4.134	7.096	10.536
ITS(10 min)							
$K1$	18.851	16.796	10.697	16.890	—	—	—
$K2$	13.743	13.043	14.244	15.176	—	—	—
$K3$	11.107	13.862	18.760	11.635	—	—	—
R	7.744	3.753	8.063	5.255	—	—	—

续表

因　素	A(PCM 含量/%)	B(微胶囊 半径/μm)	C(相变 区间/℃)	D[相变潜热/ (kJ/kg)]	热应激指数(ITS)		
					10 min	30 min	60 min
ITS(30 min)							
K1	28.164	24.695	24.669	24.771	—	—	—
K2	24.315	24.214	24.301	25.269	—	—	—
K3	21.125	24.695	24.634	23.564	—	—	—
R	7.039	0.481	0.368	1.705	—	—	—
ITS(60 min)							
K1	33.880	32.089	32.887	33.176	—	—	—
K2	32.854	32.733	33.011	32.264	—	—	—
K3	30.243	32.155	31.079	31.537	—	—	—
R	3.637	0.644	1.932	1.639	—	—	—

根据表5.7中 R 范围的值,在10 min 时,相变区间(因素 C)对热应激指数影响最大,4 个参数对热应激指数影响的程度为:相变区间(C)>PCM 含量(A)>相变潜热(D)>微胶囊半径(B),此时的最优组合为 $A_3B_2C_1D_3$,也就是 PCM 含量为 25%,微胶囊半径为 10 μm,相变区间为[26,28,30]℃,相变潜热为 300 kJ/kg。在 30 min 时,PCM 含量(因素 A)对热应激指数影响最大,4 个参数对热应激指数影响的程度为 PCM 含量(A)>相变潜热(D)>微胶囊半径(B)>相变区间(C),此时的最优组合为 $A_3B_2C_2D_3$。在 60 min 时,4 个参数对热应激指数影响的程度为:PCM 含量(A)>相变区间(C)>相变潜热(D)>微胶囊半径(B),此时的最优组合为 $A_3B_1C_3D_3$。从上面的分析中可以看出,在高温环境中,相变材料微胶囊的半径对热应激指数的影响很小,在初始阶段,PCM 的相变区间对热应激指数影响很大,这是因为它决定了 PCM 发生相变吸热的温度范围。随着时间的变化,PCM 含量慢慢变为影响最大的因素。相变区间和相变潜热的影响随着时间变化而变化,从上述不同时间点的最优组合中,不难看出 PCM 含量和相变潜热越高,相应的热应激指数就越低。

5.5　本章小结

本章在第 4 章建立的模型的基础上,考虑相变材料对服装热功能的影响。在模型中加入对相变材料的处理,建立含有相变材料的普通着装人体模型和飞行员-囊式抗荷服的热湿传递模型。并且运用这些模型进行了模拟计算,研究了服装基材吸湿性与相变材料相互作用及其对人体热响应的影响,结论表明:吸湿性越强,相变材料发挥作用越不明显。其次研究了在抗荷服中加入不同体积分数的相变材料对囊式抗荷服热性能的影响,结果表明,在一定范围内,相变材料含量越高,就能更有效地降低飞行员的热应激指数,越能提高抗荷服的舒适度。本章最后运用正交分析法分析了相变材料各个参数对相变过程的影响,通过分析得出不同阶段各个参数的影响程度并非保持不变,但相对说来,相变材料微胶囊的半径对热应激指数影响最小,相变区间和相变潜热的影响随着时间变化而变化,PCM 含量和相变潜热越高,相应的热应激指数就越低。

参 考 文 献

[1] Bryant Y G. Melt spun fibers containing microencapsulated phase change material advances in heat and mass transfer in biotechnology. Nashville: ASME Press, 1999.

[2] Shim H, McCullough E A, Jones B W. Using phase change materials in clothing. Textile Research Journal, 2001, 71 (6) : 495 – 502.

[3] Emel O, Nihal S, Erhan C. Encapsulation of phase change materials by complex coacervation to improve thermal performances of woven fabrics. Thermochimica Acta, 2008, 467(1 – 2) : 63 – 72.

[4] Hittle D C, Andre T L. A new test instrument and procedure for evaluation of fabrics containing phase-change material. ASHRAE Transactions, 2002, 108: 175 – 182.

[5] Nuckols M L. Analytical modeling of a diver dry suit enhanced with microencapsulated phase change materials. Ocean Engineering, 1999, 26: 547 – 564.

[6] Li Y, Zhu Q Y. A model of heat and moisture transfer in porous textiles with phase change materials (PCM). Textile Research Journal, 2004, 74: 447 – 457.

[7] He B, Martin V, Setterwall F. Phase transition temperature ranges and storage density of paraffin wax phase change materials. Energy, 2004, 29(11): 1785 – 1804.

[8] Li F Z, Li Y. A computational analysis for effects of fiber hygroscopicity on heat and moisture transfer in textiles with PCM microcapsules. Modeling and Simulation in Materials Science and Engineering, 2007, 15(3): 223 – 235.

[9] 李凤志,朱云飞. 多孔纤维材料-多种相变材料微胶囊复合材料热特性数值研究. 南京航空航天大学学报,2009,41(4): 456 – 460.

[10] 李凤志,吴成云,李毅. 附加相变微胶囊多孔多孔纤维材料热湿传递模型研究. 大连理工大学学报,2008,48(7): 162 – 167.

[11] 李凤志,吴成云,李毅. 相变微胶囊半径及含量对多孔纤维材料热湿性能影响数值研究. 应用基础与工程科学学报,2008,16(5): 671 – 678.

[12] Li F Z, Ren P H. Influences of the PCM microcapsules on thermal properties of the garment. Advances in Intelligent Systems Research, 2015, 126: 614 – 618.

[13] 李凤志,王鹏飞,涂强,等. 相变服装对人体动态热感觉影响模型. 南京航空航天大学学报,2011,43(2): 262 – 267.

[14] Li F Z, Wang P F, Li Y. Numerical simulation of heat and moisture transfer in system of human-clothing with phase-change materials-environment. Applied Mechanics and Materials 2011, 88 – 89: 470 – 474.

[15] 朱云飞. 相变服装热湿传递机理及对人体热响应影响的模型研究. 南京: 南京航空航天大学, 2011.

[16] Wang Y, Li F Z, Li Y, et al. Influences of bladders and phase change materials in anti-G suit on pilots' thermal responses. Journal of Fiber Bioengineering and Informatics, 2014, 7(2): 165 - 179.

[17] Li F Z, Wang Y, Li Y. Orthogonal numerical analysis on thermal stress of the pilot wearing anti-G suit with phase change materials. Advanced Materials Research, 2013, 796: 601 - 606.

[18] 王洋. 飞行员-囊式抗荷服-环境系统热湿传递模型研究. 南京: 南京航空航天大学, 2013.

[19] 郭茶秀, 魏新利. 热能存储技术与应用. 北京: 化学工业出版社, 2005.

[20] Fiala D. First principles modeling of thermal sensation responses in steady state and transient conditions. ASHRAE Trans, 2003, 109: 179 - 186.

[21] Stolwijk J A J, Hardy J D. Control of body temperature. Handbook of Physiology-Reaction to Environmental Agents, 1977: 45 - 67.

[22] 邱义芬, 李艳杰, 任兆生. 某囊式抗荷服热性能分析. 北京: 北京航空航天大学学报, 2009, 35(9): 1035 - 1038.

[23] Yigit A. The computer-based human thermal model. International Communications in Heat and Mass Transfer, 1998, 25: 969 - 977.